AF613849

INSECTES NUISIBLES A L'AGRICULTURE

1er Fascicule

L'OLIVIER

SON HISTOIRE

SA CULTURE, SES ENNEMIS, SES MALADIES ET SES AMIS

2me Fascicule

LE FRELON (VESPA CRABRO)

ET SON NID

PAR

A. PERAGALLO

CHEVALIER DE LA LÉGION D'HONNEUR
Directeur des Contributions indirectes,
Membre des Sociétés entomologiques de France et d'Italie,
Membre de la Société des Lettres, Sciences et Arts des Alpes-Maritimes
et de celle des Beaux-Arts de Nice
Médaille d'argent au Concours régional des Alpes-Maritimes de 1863
(*Section de l'Histoire naturelle.*)

NICE
TYPOGRAPHIE, LITHOGRAPHIE ET LIBRAIRIE S. CAUVIN-EMPEREUR
Rue de la Préfecture, 6, et Place de la Préfecture, 1.
1881

Insectes nuisibles du Département des Alpes-Maritimes

1er FASCICULE

L'OLIVIER

SON HISTOIRE
SA CULTURE, SES ENNEMIS, SES MALADIES ET SES AMIS

PAR

A. PERAGALLO

CHEVALIER DE LA LÉGION D'HONNEUR
Membre des Sociétés entomologiques de France et d'Italie,
Membre de la Société des Lettres, Sciences et Arts des Alpes-Maritimes
et de celle des Beaux-Arts de Nice
Médaille d'argent au Concours régional des Alpes-Maritimes de 1863
(*Section de l'Histoire naturelle.*)

NICE
TYPOGRAPHIE, LITHOGRAPHIE ET LIBRAIRIE S. CAUVIN-EMPEREUR
Rue de la Préfecture, 6, et Place de la Préfecture, 1.

1881

À Monsieur le Comte de Brancion, Préfet des Alpes-Maritimes, commandeur de la Légion d'honneur, officier de l'Instruction publique.

Monsieur le Préfet,

Vous m'avez fait l'honneur de présenter mon mémoire au Conseil général.

C'était en reconnaître l'utilité, lui donner une grande valeur et vous exposer à ce que je vous prie de vouloir bien en accepter la dédicace.

Veuillez agréer, Monsieur le Préfet, l'assurance de mes sentiments les plus respectueux et les plus dévoués.

A. PERAGALLO.

AVANT-PROPOS

Je pense que la meilleure préface à mettre à la tête de mon travail, la meilleure recommandation à invoquer en sa faveur, c'est la reproduction, 1° du rapport par lequel M. le Préfet des Alpes-Maritimes a bien voulu le présenter au Conseil général ; 2° des délibérations prises à son sujet par deux hautes et trop bienveillantes autorités, le Conseil général et la Société entomologique de France ; je dis trop bienveillantes parce que cette bienveillance, peut-être dangereuse, m'a incité à faire taire mes prudentes hésitations, et à publier ma notice.

I

Rapport de M. le comte de Brancion, Préfet des Alpes-Maritimes, au Conseil général

Messieurs,

« M. Peragallo, Directeur des Contributions Indi-
« rectes, m'a fait parvenir pour être soumis à l'examen
« du Conseil général, les deux premiers fascicules d'un
« travail dont il est l'auteur sur les insectes nuisibles
« du département des Alpes-Maritimes.

« Cet ouvrage contient des études entièrement re-
« marquables qu'il serait très-utile de mettre entre les

« mains des cultivateurs du département. Au moment « où l'opinion publique s'émeut avec juste raison des « progrès du *Keïron* qui menace de ruiner les oléicul- « teurs en tarissant la source d'une des plus grandes « richesses de la contrée, j'estime que la propagation « de l'œuvre de M. Peragallo serait d'un excellent effet; « je réponds d'ailleurs aux sentiments du Conseil géné- « ral, toujours soucieux des intérêts vitaux de ce pays « et dont un de ses membres, M. Chiris, a demandé « dernièrement à la Chambre un crédit de un million « pour la destruction du fléau qui fait l'objet des études « que je place sous vos yeux.

« Si vous adoptez ma manière de voir, Messieurs, il « vous appartient de décider s'il ne serait pas possible « de faire publier aux frais du département un docu- « ment appelé à rendre de sérieux services aux pro- « priétaires que vous représentez . . . .

. . . .

« Si vous accueillez favorablement cette proposition « M. Peragallo trouverait dans votre décision un en- « couragement précieux pour utiliser les documents « qu'il a recueillis relativement aux maladies et aux in- « sectes ennemis des figuiers, orangers, citronniers et « caroubiers dont l'exploitation est également d'une si « grande importance dans nos régions.

II

Rapport au Conseil général des Alpes-Maritimes, session d'avril 1881

« M. le Préfet soumet à l'examen du Conseil général les deux premiers fascicules d'un travail de M. Peragallo sur les insectes nuisibles du département des Alpes-Maritimes et lui propose de décider, s'il est possible de faire publier ces documents aux frais du département ; cette résolution engagerait l'auteur à publier d'autres recherches du même genre et utiles au même degré.

« Ces fascicules ont circulé aux mains des membres de la Commission des finances ainsi que les dessins qui les accompagnent, la Commission a été frappée de l'importance et de la valeur des travaux de M. Peragallo, et ils ont reçu des éloges mérités . . . .

. . . .

III

Rapport à la Société entomologique de France

« Le 11 mai 1881, la Société entomologique de France saisie d'une proposition de M. Peragallo, tendant à la publication d'un mémoire sur l'olivier, a renvoyé cette proposition à son Conseil qui, le 25 du même mois, a remis le rapport dont suit l'extrait.

« Dans le mémoire de M. Peragallo sur l'olivier, les descriptions des insectes nuisibles sont données avec grand soin, peut-être, tout en étant très-bien mises à la portée des gens du monde, pourrait-on s'y étendre un peu plus scientifiquement (1) ; de bons détails de mœurs et des moyens de destruction sont donnés par l'auteur.

« Les autres parties du mémoire nous semblent d'une haute importance et très-utiles à être mises sous les yeux des agriculteurs du Midi de la France . . .

. . . .

. . . .

« Mais hâtons-nous de le dire, nous croyons que la publication de ce travail consciencieux serait une chose utile pour les agriculteurs et les naturalistes surtout dans les pays où se fait la culture de l'olivier, et que M. Peragallo avec ses connaissances profondes sur l'histoire et la culture de cet arbre, sur ses maladies et

(1) L'auteur a tenu compte de cette remarque dans la révision de son travail.

sur l'entomologie appliquée, est le seul qui puisse mener à bonne fin un travail aussi difficile . . . .

Je ne terminerai pas sans remercier M. le Préfet des Alpes-Maritimes, le Conseil général et la Société entomologique de France d'avoir, par des éloges et des encouragements de toute nature, dont je suis fier, fourni les éléments de ma préface.

Je remercierai aussi mes nombreux et bienveillants souscripteurs, les personnes qui se sont empressées de me fournir des renseignements locaux, mes collègues en entomologie MM. *Desmarets*, *Fauvel*, *Eveillé*, *Bigot*, *A. Grouvelle*, *Miot*, *Rouget*, *Rey*, *Tappes*, *Lichtenstein*, *Bargagli* de Florence, *Edmond et Ernest André*, *E. Simon*, etc., etc., qui ont bien voulu me donner des indications précieuses, et surtout MM. *Millière*, *Signoret* qui ont mis gracieusement à ma disposition leurs textes et leurs dessins. Je dois à leur concours d'avoir pu mener mon travail à bonne fin. Je me garderai d'oublier dans mes remercîments :

M. Barbe, père, et M. Roze auxquels j'ai fait tant d'emprunts et M. Laugier, directeur de la station agronomique de Nice, qui m'a encouragé à traiter une question dont il ne cesse de s'occuper avec le zèle le plus louable et le plus éclairé, enfin mon vieil et excellent ami M. Bruyat, conservateur des collections de la Société centrale d'agriculture de Nice, qui a été pour moi d'une complaisance à toute épreuve.

La plus large part du succès de mon mémoire, s'il en obtient un auprès du public, est due aussi à MM. *Clément*, dessinateur, *Debray* et *Guinemand*, graveurs dont le talent si bien établi, vient de s'affirmer de nouveau d'une manière remarquable.

CHAPITRE PREMIER

L'OLIVIER

HISTOIRE, REPRODUCTION, CULTURE, TAILLE ET ÉLAGAGE RÉCOLTE ET FABRICATION DE L'HUILE

I. — Histoire

Les *Oléacées* ou *Oléinées* forment plusieurs genres et de nombreuses espèces qui se partagent en deux tribus.

Les *Olées* à fruit drupacé ou bacciforme.

Les *Fraxinées* à fruit samaroïde.

L'*Oléa Europoea* dont nous allons nous occuper, ne dépasse pas le 65e degré de latitude nord ; en France les limites extrêmes de sa culture partent de la frontière nord des Pyrénées Orientales, passent dans l'Aude au-dessous de Carcassonne, coupent obliquement l'Hérault et vont se terminer dans la Drôme en traversant le Gard et l'Ardèche. Elles embrassent douze départements, y compris la Corse.

Voici la description botanique de cet arbre : *Oléa europoea* (von-Linné) *feuilles opposées persistantes coriacées, longues, vertes en dessus blanchâtres en dessous ; fleurs à calice à quatre dents ; une corolle infundibuliforme à quatre divisions planes; deux étamines insérées à la partie inférieure de l'ovaire ; un ovaire arrondi portant un style épais et terminé par un stigmate à deux lobes très-peu marqués, cet ovaire est à deux lobes dont chacune contient deux ovules pendants ; le fruit est une drupe* (1) *à noyau uniloculaire et monosperme par avortement.*

L'olivier, frileux de sa nature, supporte cependant, sans éprouver des dommages graves, un froid de 6 à 7 degrés centigrades.

Les hivers de 1709, 1745, 1748, 1766, 1768, 1775, 1789, 1802, 1811, 1829, 1843, 1849, 1855, 1870, lui ont été funestes ; les deux hivers de (1879-1880) (1880-1881 ont nui beaucoup aux oliviers dans la vallée du Var (commune de Malaussène, Massoins, Touët-de-Beuil, Villars), et ont forcé à les couper presque tous au ras du tronc et même du sol. Cet arbre n'est véritablement remarquable que par son utilité, dit Bernard (2), il n'offre quelque agrément que pendant le court espace de la floraison, c'est-à-dire pendant 8 à 10 jours tout au plus. Bien qu'il soit toujours vert il ne plaît pas à la vue, à cause de la pâleur de son feuillage; son écorce est rude, ses branches sont sans ordre, nues et tortueuses ; à cela près, il est fécond par excellence. Ses feuilles plus ou moins longues selon les espèces ne sont pas toujours en rapport comme forme, avec les fruits, elles durent à peu près deux ans ; il y a des espèces hâtives, des espèces tardives, d'autres qui ne donnent presque que des fleurs.

Le fruit plus ou moins rond, plus ou moins pointu, se balance à l'extrémité d'un assez long pédoncule et diffère de couleur suivant les variétés ; il présente toutes les nuances depuis le blanc verdâtre jusqu'au noirâtre en passant par le rouge ; la pulpe ou chair elle-même est d'une couleur plus ou moins foncée.

Le bois jaunâtre, dur, compacte, nuancé de veines brunes d'un charmant effet sous le vernis, est remarquable par la finesse de son grain ; il est employé pour

(1) L'Académie fait le mot drupe masculin, mais les botanistes le font féminin.

(2) *Ingénieur Bernard.* — (Traité de la culture de l'olivier (1782-1843).

la marqueterie, les petits meubles et les placages ; en Italie cependant, à Sorrente plus particulièrement, on l'utilise sur une plus vaste échelle ; il est d'un bon chauffage, surtout celui des coteaux bien exposés, et peut être brûlé immédiatement après avoir été coupé ; sa richesse en carbone est très-grande.

Dans la Grèce ancienne on avait pour l'olivier un respect religieux ; des inspecteurs, instruments de lois très-sévères, étaient chargés de le protéger ; il n'était permis d'employer son bois que pour des usages nobles ; on en entretenait le feu des sacrifices et on en faisait des statues de dieux. C'était en effet *Minerve*, la déesse de la sagesse, qui, sous Cécrops l'Egyptien, l'avait fait naître, disait-on, couvert de fruits, en frappant la terre de sa lance lors de sa grande dispute avec Neptune au sujet du nom à donner à la capitale de l'Attique ; l'Acropole avait son olivier sacré ; ce qu'il y a de certain, c'est que, si Minerve n'a pas fait naître l'olivier, qui était connu bien avant Cécrops, elle en a, du moins, enrichi Athènes en le transportant d'Egypte, d'Ethiopie, du Delta ou de Syrie dans la nouvelle colonie qui lui devait la vie. L'existence de l'olivier doit remonter à la création du monde, car c'est son feuillage, emblême de paix, que rapporta la colombe après le déluge (1).

Son écorce amère et astringente constitue un excellent succédané du quinquina selon de Candole ; du reste cette famille tout entière peut rendre des services en médecine. C'est un frêne qui fournit la manne si purgative.

Les capsules du lilas, les feuilles du troëne, sont astringentes, fébrifuges.

De l'olivier lui-même exsude une gomme-résine qui jouit de propriétés vulnéraires.

Pline (livre 15, ch. 7), raconte que sur la côte de Syrie, il découlait naturellement de l'olivier une ma-

(1) Genèse (Chap. VIII, verset II *Ramum olivae virentibus foliis*).

tière nommée *Enhemon* plus épaisse que le miel sans avoir la consistance des résines, d'une saveur douce et que la médecine employait. Il fait mention au livre 23, ch. 4, de ses effets.

Danthoine a fait connaître qu'il avait recueilli une matière semblable aux environs de Draguignan (3 onces par arbre), elle découlait des galeries pratiquées par le *Phloeotribus* sur les arbres vivants ; Bernard la signale aussi.

En ce qui me concerne, je puis certifier : 1° avoir recueilli sur des oliviers, à St-Jean et à Villefranche en juin et juillet 1881, des larmes de cette gomme-résine de couleur ambrée ; elles étaient adhérentes à des branches de deux ans sur lesquelles on voyait que la matière en se précipitant au dehors avait fait éclater en étoile le tissu de l'écorce ; 2° que les galeries pratiquées en été par le *Keïron* sur les jeunes branches d'oliviers sont tapissées d'un vernis brillant et épais ; 3° que les *Psylles* qui vivent de la sève de l'olivier laissent derrière elles dans la matière cotonneuse qui les entoure, de petites gouttelettes composées d'un liquide blanchâtre et très-gluant ; 4° enfin, que cette gomme répand en brûlant une odeur douce et agréable qui rappelle celle du fruit cueilli avant sa maturité (1).

L'existence de l'olivier est infinie ; lorsqu'on demande à un Italien combien de temps dure cet arbre, il répond *sempre* (toujours).

L'olivier est pour ainsi dire immortel, a dit Chateaubriand, puisqu'il renaît de sa souche.

(1) D'après l'ouvrage de M. Coutance, f° 412 (l'*Olivier*, *Paris* 1877) Théophraste a parlé le premier de cette gomme-résine, qui n'est pas une gomme puisqu'elle est soluble dans l'alcool.

Scribonius Largus en guérissait la gale ; Pline dit qu'elle est souveraine pour les plaies et les maux de dents.

Paoli a publié un mémoire sur ce produit si abondant, paraît-il, en Ethiopie, et Presta rapporte qu'en Calabre on récolte d'assez grandes quantités de cette résine connue sous le nom de *Lecce*.

Enfin Pelletier, en 1816, a obtenu de cette production accessoire de l'olivier, l'*Olivile*, qui est peu utilisée en médecine.

Avant le terrible hiver de 1709, il y avait aux environs de Marseille des arbres de plusieurs siècles et d'une grosseur phénoménale ; un vieil historien provençal, Bouche, qui écrivait, il y a de cela deux cents ans, cite un olivier du territoire de Ceyreste, auquel on donnait neuf à dix siècles d'existence. Cet arbre, dit Bouche, avait le tronc creux et il était si gros qu'une vingtaine de personnes pouvaient s'y mettre à l'abri des intempéries de l'air ; son propriétaire y établissait son ménage chaque année, pendant la saison d'été, et y couchait avec sa famille ; son cheval même y trouvait sa place (1).

Sans avoir acquis d'aussi grandes proportions, l'olivier de Beaulieu, appelé *Pignole*, incendié dernièrement par un pauvre fou qui a manqué y trouver une mort volontaire, a toujours été cité comme le plus gros de nos contrées.

L'Algérie a envoyé à l'exposition de Paris en 1867, un tronc d'olivier ayant dix siècles.

L'olivier de San Remo appelé *il vecchio* aurait cet âge.

Enfin, si l'on en croit Delille, il aurait cueilli à Athènes un rameau du fameux arbre de Minerve qui devait avoir alors quarante siècles.

Les arbres les plus élevés, les plus majestueux que je connaisse, sont ceux du cap Martin, à Menton.

Pline l'ancien, parlant de l'olivier, dit que la meilleure huile venait de Naples et qu'on doit à Aristée, l'invention des meules verticales et des pressoirs.

Columelle de Cadix, qui écrivait dans le même siècle, appelle l'olivier : *Prima omnium arborum*.

Originaire de Grèce, cet arbre existe au sud de l'Europe, au nord de l'Afrique et en Asie Mineure ; ce sont les Phocéens qui, six cents ans avant Jésus-Christ, ont importé à Marseille le premier olivier de l'espèce appelée *Cayane*, qui n'était encore connue ni en Italie, ni en Espagne ; Marseille ayant fondé Agde aura sans doute introduit l'olivier dans le Languedoc,

(1) Bouche. (Histoire de Provence tome Ier, page 334.)

Au dix-huitième siècle et surtout vers sa fin, la science s'occupa sérieusement de cet arbre si utile ; de nombreux ouvrages furent imprimés en Italie, en Espagne, en Portugal et en France.

En 1782, l'Académie de Marseille ayant mis au concours l'étude de l'olivier, accorda le premier prix à Bernard, directeur adjoint de l'Observatoire de la marine, pour un ouvrage présentant des remarques précieuses, mais sans conclusions, un premier accessit à Amouroux et un 2me accessit à l'abbé Couture, curé de Miramas.

Amouroux dans son ouvrage couronné faisait connaître 21 variétés d'oliviers cultivées en Provence, dans le Comtat et dans le Languedoc (1). Parmi ces variétés nous remarquons la *Cayane* ou *Aglandan* de Marseille, l'olivier de Grasse (*Cailletier*, sans doute) qui vient très-haut, dit l'auteur, et donne une huile excellente; l'olivier de Vence nommé *Araban*.

Linné ne paraît avoir admis que trois espèces d'oliviers dont l'une *Olea Capensis* est plutôt un troëne.

Les Romains désignaient les espèces suivant le pays dans lequel elles étaient cultivées : *Paussiènes*, *Liciniènes*, *Commiènes*, *Contiènes*, *Sergiènes*, *etc*, *etc*.,

Les travaux d'Amouroux et surtout ceux de Bernard furent utilisés par Rosier dans son cours complet d'agriculture publié en 1801, et plus tard par les auteurs anonymes et si profondément instruits du grand dictionnaire d'histoire naturelle publié en 1818.

Dans cet ouvrage, qui existe à la bibliothèque municipale de Nice, il est question d'autres variétés signalées en Italie, telles que l'olivier produisant jusqu'à cinq récoltes par an, l'olivier donnant des fruits aussi gros que ceux de l'espèce *Spagnola*, mais bons à manger sur l'arbre tant ils sont doux.

Bompard de Draguignan avait cultivé dans un terrain loué par le Comice agricole de son département,

(1) Caton en avait signalé 10, Varron 9, Columelle 11.

de très-nombreuses espèces ou variétés d'oliviers, qui étaient distribuées gratuitement aux agriculteurs ; parmi ces espèces ou variétés, je remarque la *Cayonna* de Vence qui donne, dit l'auteur, une huile superfine, et le *Blanquetier* d'Antibes dont l'huile est aussi de premier choix ; ces deux espèces, dit l'auteur, surtout la seconde, sont peu frileuses et peu attaquées par le *Dacus*.

Risso compte et décrit minutieusement 40 espèces d'oliviers ; la plus répandue serait, selon lui, l'olivier pleureur (*Noustral* ou *Auriola*.) (1)

Dans une brochure fort intéressante publiée en 1875, M. Barbe père qui me pardonnera, je l'espère, de lui avoir fait de nombreux emprunts (2) (on n'emprunte qu'aux riches) admet qu'il existe dans l'arrondissement de Grasse, c'est-à-dire sur la rive droite du Var et de l'Esteron, quatre principales variétés d'oliviers dont les noms dégénérés ou mis en rapport avec le langage local peuvent facilement se retrouver dans la liste d'*Amouroux* ; ce sont :

1° Le *Blanquetier* grand, rameux, à feuilles d'un vert pâle, à fruit petits, à pulpe amère d'abord, douce ensuite ; il fournit une huile abondante et est principalement cultivé à Antibes ; cet arbre aime le bord de la mer et une culture soignée, il fleurit beaucoup, mais trompe trop souvent les espérances des agriculteurs ; la mouche l'attaque peu ou point, mais il n'en est pas de même de la chenille mineuse.

2° Le *Blavier*, très rustique, très fort, fruit oblong et relativement gros, pulpe grossière, huile colorée, olive frileuse ; on le rencontre principalement à La Colle, à Saint-Paul, à Saint-Laurent où il est petit à petit abandonné pour des espèces d'un meilleur produit.

3° L'*Arabanier* ou *Araban* ; moins rustique, port

(1) Risso (Histoire naturelle des productions de l'Europe méridionale, 2e vol., f° 1 à 48 (Paris, Levrault, 1876)

(2) *Barbe père*, de Cannes (Étude sur l'olivier, Nice 1875.)

moins majestueux, feuillage grêle, fruit rond, huile ordinaire, meilleure lorsqu'elle est faite avant la maturité de l'olive ; il résiste mieux que le *Blavier* et le *Blanquetier* à la gelée et aux vents. Cet olivier est assez commun à Tourette, à Vence.

4° Enfin l'arbre par excellence, renommé de tout temps, le *Cailletier* de Grasse et de ses environs, qui s'élève haut, rameaux pendants, feuilles lisses et d'un vert foncé en dessus, blanches au dessous, écorce cendrée et peu raboteuse, paraît moins vert que les autres à cause de la disposition de ses branches ; grappes longues situées à l'extrémité des rameaux. Fruits gros et oblongs renflés d'un côté, concaves de l'autre, huile supérieure sous tous les rapports ; cet arbre que l'on cultive à la Gaude, à Mouans-Sartoux, à Tourette-de-Vence et dans toutes les collines de Nice, où on lui donne le nom caractéristique de *Pendolière*, se plaît dans les terrains secs, c'est l'olivier du Broc et surtout celui de Cabris et d'Espéracèdes dont les olives ont une telle réputation qu'on vient parfois les acheter à 5 francs le double décalitre pour les mêler à celles du littoral, qui ne se vendent pas plus de 3 fr. 50.

Le *Cailletier* est essentiellement vivace, il peut donc subir une taille rigoureuse, il est très attaqué par le *Dacus oleae* ou *keïron* ; on remarque sur son bois de nombreuses nodosités, dont on accuse les chenilles mineuses.

Comme les branches pendent vers le sol il faut le garantir des bestiaux qui sont friands de la feuille et du fruit.

Les espèces indiquées par M. Barbe existent aussi sur la rive gauche du Var où elles ont reçu des noms différents.

Ainsi dans la vallée de la Bevera et de la Roya on cultive la *Nirana* ou *Noustrales*, quelques espèces sauvages et la *Poncinere* dont on sale le fruit.

A Menton, la Turbie, Monaco c'est aussi la *Nirana* très attaquée par le *Dacus* en raison de la grosseur de l'olive, la *Pignola* à moitié sauvage, au fruit petit que respecte le *Dacus* mais où se loge la chenille mineuse et toujours la *Poncinère*.

A Villefranche, Nice, St-Jean, nous trouvons l'*Auriola* qui doit être la *Pignola* de Menton.

A Gillette, Levens, c'est la *Noustrales* ou *Brocienne* que l'on greffe avec le *Cailletier*.

A St-André, Falicon, c'est la *Niçoise*.

Dans la vallée de la Tinée on cultive l'espèce dite blanche.

A Puget-Théniers, à Villars, c'est le *Cailletier* présentant des bouquets de gros fruits, le *Roberon* à l'olive ronde, et des espèces sauvages.

Dans l'Hérault, l'olivier ne donne pas une huile de renom, l'arbre est surtout cultivé pour obtenir des olives à saler dont il se fait un grand commerce ; on comprend alors qu'on ne recherche que les variétés à fruits charnus. Ce sont dans ces régions la *Verdale* à feuilles longues d'un vert sombre, à fruit gros et ovale, à peau fine, à drupe abondante, à long pédoncule, l'*Ameuleau* ou *Amelan* (en forme d'amande) dont le fruit ovale est très-gros et très charnu, la *Lucques* au fruit allongé, terminé en bec recourbé, et très recherchée des amateurs bien que la pointe aiguë de son noyau la rende parfois désagréable à manger.

Dans le Gard, c'est la *Negrette*, la *Verdale* et le *Sager* dont on fait de l'huile, la *Colliache* ou *Collias* et la *Picholine* qu'on confit ainsi que la *Verdale*.

A Aix, pays de la meilleure huile connue, les arbres sont des nains comparativement aux nôtres, aussi peut-on les soigner de manière à ne craindre ni maladies, ni ennemis ; on ne plante que des espèces choisies et d'un rapport certain.

Dans le Var, à Brignoles, c'est le *Caillan* au fruit long, qu'on maintient bas et qu'on cueille à la main ; à Cuers et à Draguignan, le *Brun*, l'*Araban* de Vence, le *Caillonne*, l'olivier de *Figanières*, etc., etc.

Enfin dans l'Aude, où petit à petit l'olivier a fait place

à la vigne, on cultive la *Cayalle* et la *Verdale*, dont le fruit ovale est généralement conservé au sel.

En résumé je pense que M. le professeur Coutance a eu raison de dire qu'il n'y a véritablement que deux espèces d'oliviers.

1° L'*Oleaster (Olivier sauvage)* ayant des épines, des feuilles très-courtes et produisant un fruit petit plus ou moins long qu'épargne le *Dacus* mais qu'attaque la chenille mineuse.

2° Le *Sativa* (olivier cultivé) à feuilles lancéolées à fruit gros que recherche le *Dacus*; par semence le *Sativa* retourne à l'*Oleaster*.

II.— Reproduction, plantation et greffe

J'aborde la partie la plus délicate, la plus difficile de mon travail.

Mes uniques titres pour m'occuper de la reproduction, de la culture, de la taille de l'olivier, ainsi que de la récolte et de l'utilisation de son fruit, mes uniques titres à la bienveillance de mes lecteurs, sont d'avoir beaucoup lu, beaucoup vu, et surtout beaucoup interrogé.

J'ai donc pu me faire une opinion que je n'ai nullement la prétention de vouloir imposer aux autres.

J'expose des théories qui remontent aux temps les plus reculés et tout le monde sait, moi le premier, qu'il y a loin de la théorie à la pratique; mais si dans ces théories consciencieuses, la pratique intelligente et raisonnée trouve à recueillir quelques indications utiles, applicables, je serai satisfait car mon but aura été atteint.

Pour remplacer les arbres morts ou faire de nouvelles plantations, les cultivateurs vont le plus souvent chercher leurs plants dans les forêts voisines des terrains possédant des oliviers; ces plants étant à pivot présentent plus de force de résistance et leurs racines ont moins de tendance à former un bourrelet extérieur autour du pied de l'arbre ; ils proviennent évidemment des noyaux d'olives rejetés par les Grives et les Merles qui ont pour habitude, après avoir parcouru la campagne pendant le jour et y avoir fait leur repas du soir, d'aller passer la nuit sur les arbres des bois voisins ; ces noyaux ayant été soumis à l'action de la digestion, perdent les principes huileux que renferme leur enveloppe et sont alors plus perméables par l'humidité indispensable pour la germination ; c'est ce qui explique pourquoi dans les champs d'oliviers les fruits tombés directement de l'arbre, souvent en grande abondance, donnent très-rarement du plant, pour ne pas dire pas du tout (1).

En se servant de cette observation, on est parvenu cependant à obtenir des oliviers de semis ; MM. Bernard Martelly, Chantard, Aurran et Bompar, du Var, ont formé, il y a de cela bien des années, des pépinières productives, mais ils ont dû pour arriver à un résultat satisfaisant lessiver les noyaux avant de les planter, ou ne se servir que des amandes. Ils recommandent lorsqu'on sème le noyau entier de n'employer que ceux provenant de fruits sauvages qui, étant plus petits que les autres, sont moins atteints par la chenille mineuse (2).

Par les soins de M. Bompar, ainsi que nous l'avons déjà dit, la Société d'agriculture du Var possédait, en 1848, des pépinières comprenant plus de cent variétés.

On peut aussi planter en pépinière ce qu'on appelle des souquets, *uovoli* en Italie, c'est-à-dire des yeux de racine, entourés d'écorce saine ou mieux encore, les rejets qui poussent au pied des arbres, autour de ceux surtout qui ont été coupés au ras du sol ; mais il est utile de choisir les pousses qui sont éloignées du tronc,

(1) Ce qui expliquerait aussi cette non germination des noyaux d'olives tombées, c'est que presque tous ces noyaux ont eu leur amande dévorée par la chenille mineuse.

(2) *Bompar*. (Mémoire sur les insectes qui vivent aux dépens de l'olivier.)

et qui ont, adhérant à leur base, un morceau de racine garnie, si c'est possible, de chevelu.

On peut encore faire des boutures en se servant des branches moyennes et vivaces d'élagage ; Pline parle de ce dernier procédé et Caton (1) mène l'opération un peu rudement, puisqu'il dit que si ces boutures ne pénètrent pas facilement dans le sol, on devra les enfoncer avec un maillet; je pense que des soins plus délicats sont préférables, et qu'une fois les boutures plantées dans un sol préparé, dans une fosse bien abritée, ouverte depuis plusieurs mois, il sera utile de les arroser fréquemment, si c'est possible; on pourra, si on les installe dans la place que l'arbre devra occuper, en mettre au printemps deux ou trois ensemble dans le même trou, à une très-faible distance les unes des autres, afin d'être certain d'obtenir au moins un pied en bon état. Si on utilise le plant des forêts, on devra le choisir de la grosseur du doigt, se bien garder de blesser le cep et les radicelles, le planter en février, l'élaguer, le raccourcir immédiatement, le fumer en octobre, et ne plus le tailler avant l'opération de la greffe, qui ne doit avoir lieu qu'à la fin de la deuxième année; on aura eu le soin de le faire tremper dans l'eau pendant 15 à 20 heures. Rosier conseille comme une excellente méthode qui lui a toujours réussi, de mettre en pépinière, les racines des arbres que l'on arrache; on doit les diviser sur une longueur de 25 à 30 centimètres et les enterrer à la profondeur de 15 à 20 centimètres.

Caton était d'avis de laisser entre chaque arbre une distance que nous pouvons évaluer à 10 ou 12 mètres; c'est un bon conseil à suivre; selon Pline la distance devrait être de 45 pieds ou 15 mètres.

Quant à la greffe, on peut opérer de toute façon, mais il faut préférer l'écusson pour les branches qui n'excèdent pas 4 cent. de diamètre, et la couronne pour

(1) Caton, (chap. 46.)

les plus grosses. Il ne faut greffer que lorsque l'arbre est en sève; pour les sauvageons, greffer aussi bas que possible et garantir des bestiaux et surtout des lapins.

Si l'on doit agir sur un gros arbre, il ne faut greffer que quelques branches seulement, en choisissant celles qui ont peu de gerçures, et si ces branches en ont d'autres en dessous, on enlèvera à ces dernières un anneau d'écorce.

Les branches non greffées ne seront abattues qu'après la quatrième année, lorsque la réussite sera complète ; à ce moment seulement, on supprimera les excédants de greffe (1).

III. — Culture, Engrais

L'olivier est d'une essence tellement vigoureuse qu'on est souvent étonné de voir des arbres bordant des routes, peu ou point soignés, être d'un rapport satisfaisant ; mais on remarquera aussi que, proportion gardée, ceux qui se trouvent à proximité d'une bergerie, ou sur le passage fréquent d'un troupeau produisent encore davantage. Il faut donc que l'olivier soit cultivé, et il est mauvais, aussi bien sous le rapport de la culture, que sous celui de la taille, de le traiter en arbre forestier. Un proverbe latin, rappelé par Columelle, disait *qu'en labourant autour d'un olivier on le prie de produire, qu'on le supplie en fumant et qu'on l'y contraint en le taillant.*

Agli ulivi, dit l'Italien, *un savio da pie e un pazzo da capo* ; c'est-à-dire *raisonner le labour et tailler sans règles strictes.*

Il est indispensable que le terrain qu'occupe l'olivier subisse des labours légers faits à la bêche, afin d'endom-

(1) Columelle (L. 5, ch. 9) dit de laisser pousser aisément les boutures jusqu'à la 3e année, de réduire alors à deux le nombre des pousses et de supprimer la moins forte après la 3e année ; transplanter, si l'on veut, à la 5e année.

mager le moins possible les radicelles de l'arbre qui sont très-nombreuses, très-sensibles, et tendent à se rapprocher du sol.

M. Barbe n'est pas tout à fait de cet avis, il dit qu'il faut remuer profondément la terre sur les coteaux afin de rendre cette terre plus perméable et de mieux préserver les arbres de la sécheresse ; qu'il faut la moins creuser dans les terrains bas, parce que là, l'olivier vit surtout par les racines superficielles, par son chevelu et que l'on n'a pas à redouter les ardeurs du soleil.

C'est justement le contraire qui a lieu, ajoute-t-il; on laboure profondément dans les terrains bas parce qu'ils peuvent produire des récoltes accessoires, qui sont souvent le principal, et on gratte à peine dans les coteaux un terrain improductif en dehors de l'olivier.

La compétence de M. Barbe est trop connue pour que ses recommandations n'aient pas une grande valeur; j'admets la différence de traitement entre les deux natures de terrains, mais je persiste à dire qu'en principe, il ne faut pas creuser profondément les champs d'oliviers.

On ne doit planter ni dans les hauteurs trop exposées aux vents, ni dans les bas-fonds trop souvent humides, ni dans les terres argileuses ; les terrains qui conviennent le mieux à cet arbre, sont les croupes pierreuses, rocailleuses, tournées vers le midi ou le levant ; Lucilius Junior disait : *ardiora tenent oleae*.

Certains auteurs prétendent qu'il faut prohiber toute récolte de céréales ou de légumes sous les oliviers, d'autres soutiennent au contraire que l'engrais qu'on doit employer forcément pour obtenir du grain ne peut que profiter à l'arbre.

Je préférerais de beaucoup que le sol des champs d'olivier ne fut pas cultivé et qu'on se contentât de le travailler légèrement, plusieurs fois par an, afin de détruire les mauvaises herbes et de rendre la terre plus facilement perméable par la pluie ; mais cependant si l'on persiste à semer sous les arbres, il faut que le labour soit peu profond et qu'on choisisse plus particulièrement des fèves disposées en lignes très espacées.

Je relève dans l'ouvrage du professeur Coutance que le Var est le département de France qui possède le plus d'oliviers (51,000 hectares), viennent ensuite les Alpes-Maritimes (47,000 hect.), les Bouches-du-Rhône (19,000 hect.), la Corse (10,000). Le Portugal n'accuse que 42.000 hect. lorsque l'Espagne, chiffre à vérifier, en aurait 2,090,000.

La question de la fumure a une grande importance; les engrais de toute nature doivent être déposés tous les deux ans, en hiver, avant les pluies; l'année où l'arbre ne sera pas fumé, on pourra lui donner soit de la terre nouvelle, soit de la suie, soit des plâtras de démolition (1). Les proportions d'engrais seraient, d'après les dires d'un propriétaire intelligent que je me sui plu à consulter, pour un arbre devant produire, en bon état de prospérité, 16 doubles décalitres de fruits et paraissant languir, 200 kil. de fumier animal, ou 6 kil. de sésame, ou 3 kil. de guano ; en agissant ainsi, le propriétaire arrivera au même résultat avec la même dépense.

En ce qui a trait aux engrais, dit M. Barbe, tous sont bons pour l'olivier depuis les plantes vertes qu'on enterre, jusqu'aux chiffons de laine qui sont le *nec plus ultra* de la nourriture qu'on peut lui donner.

Les plantes vertes nourrissent peu, les engrais de litières sont trop chers, ceux de chiffons de laine conviennent partout. Ils durent cinq à six ans, ce qui les rend économiques malgré leur prix élevé.

Dans la rivière de Gênes, cet engrais est en grande faveur, et comme sur cette vaste étendue de terrain l'olivier est la véritable richesse, il faut admettre que si les agriculteurs de cette région, qui s'étend de Vinti-

(1) Rosier conseille d'utiliser les eaux qui sortent des moulins à huile. (Traité d'agriculture 1801, 7e vol. fo 237.)

mille à la Spezzia, ont adopté ce mode de fumure, c'est parce qu'ils y ont trouvé un avantage réel.

Il faut enterrer les chiffons à une faible profondeur, pas immédiatement autour du tronc et avant les pluies du printemps, afin d'éviter une combustion souterraine.

En Italie on emploie aussi, paraît-il, les cornes qui ont l'avantage de conserver de l'eau dans leurs cavités et d'entretenir ainsi autour du pied une humidité favorable.

Je ne terminerai pas ce chapitre de la culture de l'olivier sans citer un proverbe, très-connu dans nos campagnes, mais qu'on met trop facilement en oubli : Le terrain planté en oliviers doit, dit-on, être *fumato comme un hort, lavorato per un porc* : c'est-à-dire fumé comme un jardin et simplement retourné.

IV. — Taille, élagage

En Corse, en Algérie, on taille peu ou point les oliviers ; à Aix ils sont tenus si bas que le fruit est cueilli à la main ; depuis Nîmes jusqu'à Pézénas les arbres sont un peu moins élevés qu'à Toulon, mais beaucoup moins qu'à Nice et surtout à Menton ; à Béziers on cherche à rendre la récolte facile et à aérer l'arbre ; à Perpignan, dans le Roussillon et l'Aude, on supprime chaque année une branche mère ; dans d'autres localités on évide l'arbre par le milieu.

Il ne doit cependant, dit Rosier, y avoir qu'une bonne méthode, la méthode naturelle, c'est-à-dire que la taille demande de grands discernements, qu'elle doit être modifiée selon les expositions et mieux, selon les variétés d'arbres ; une espèce hâtive ne doit pas en effet être taillée comme une espèce tardive, on ne peut tailler de même un arbre malade et un arbre sain, un olivier de la plaine et un olivier des coteaux ; il est donc indispensable que chaque région ait ses modes d'opérer ; l'essentiel c'est de traiter l'olivier comme un arbre à fruit, de le débarrasser du trop de bois ou du bois malade : écoutez du reste ce qu'il vous demande lui-même : *Fais-moi pauvre de bois, je te ferai riche d'huile.*

Quoiqu'il en soit, je pense que la taille est de toute nécessité, quand ce ne serait que pour débarrasser l'arbre de ses nombreux ennemis et afin de lui donner plus de forcepour leur résister. L'olivier n'est pas par lui-même *bienne*, *trienne*, etc., la main de l'homme le rend tel par la taille ; on sacrifie comme cela est admis à Grasse le produit d'une année pour en obtenir une très-considérable l'année suivante ; pourquoi, dit-on, travailler à n'obtenir que des récoltes médiocres qui seront absorbées en entier par le Dacus ? si dans une année l'arbre produit beaucoup, il y aura du fruit pour tout le monde, pour la mouche et pour le propriétaire qui pourra établir plus certainement ses calculs de revient ; tel est le raisonnement de nos cultivateurs modernes.

Si l'on découronne l'arbre on n'aura du fruit que la 3e année, c'est le système *trienne* ; si, au contraire, on laisse autant que l'on peut les jeunes branches implantées sur les anciennes, elles se chargeront de rameaux pendant l'année de la taille, et ces rameaux donneront du fruit l'année d'après, c'est le système *bienne*.

Tout l'art consiste à débarrasser l'arbre des branches qui ne produiront que de faibles rameaux, et à le forcer à donner beaucoup de bois nouveau, à abattre toutes les branches mortes ou malades et à appliquer sur celles qui sont en vigueur, la méthode que l'on a choisie.

La Brousse en 1782 était pour la taille *annuelle*, en décembre, et comme preuve de l'excellence de son procédé, il se contentait de dire : « venez voir mes oli-« vettes et vous ferez ensuite comme moi. »

L'abbé Couture, curé de Miramas, lauréat accessit de l'Académie de Marseille, préconisait la taille *bienne* et disait que les cultivateurs qui s'en sont écartés ont eu à s'en repentir, mais que comme ils tenaient à avoir une récolte chaque année, ils ont transigé en adoptant le système de partager leurs oliviers en deux lots, et de tailler chaque année un de ces lots.

Le but de la taille devant être d'aider l'arbre à pousser du jeune bois, et de le maintenir en force, comme cette force varie d'espèce à espèce, de champ à champ, on doit agir selon la nécessité et la circonstance ; la méthode *bienne* est préférable à toutes les tailles mais la *triènne* et même celle de quatre ans peuvent avoir parfois leurs avantages.

L'utilité d'une taille raisonnée, intelligente, sans parti pris, étant admise, il s'agit d'examiner à quelle époque on doit y procéder ; on s'entend difficilement sur cette question délicate.

On est allé jusqu'à dire qu'il est économique de tailler au moment de la récolte, surtout si la récolte a lieu avant les froids, les cueilleurs devant avoir moins de peine à ramasser le fruit sur la branche qui vient d'être abattue, et l'arbre évidé, débarrassé d'une partie de ses feuilles n'ayant plus à courir la chance d'être écrasé, fendu, sous le poids des neiges.

D'autres disent avec juste raison : attendez à la fin de l'hiver, au commencement du printemps; vous émonderez en même temps et vous détruirez ainsi une grande quantité d'insectes qui se préparent à attaquer l'arbre.

Enfin, comment doit-on tailler ? les principes généraux sont de donner de l'air à l'arbre, de respecter les branches basses qui produisent plus de fruit, de surveiller les branches élevées qui sont recherchées par beaucoup d'insectes, d'établir un équilibre nécessaire entre les différentes branches, entre les branches et les racines, de ne laisser ni chicots, ni tronçons, de faire des amputations lisses, perpendiculaires plutôt qu'horizontales, de couvrir les grandes plaies de préférence avec du goudron, d'éviter toute confusion entre les branches, l'olivier ne donnant généralement du fruit que sur les rameaux qui jouissent librement de l'air et du soleil, de détruire les caries, de les brûler, de combler les cavités avec de la terre glaise additionnée de bouse de vache, de paille et de goudron, enfin de supprimer les gourmands appelés dans nos campagnes *les buveurs d'huile*, à moins qu'ils ne puissent être utilisés à obtenir une branche nécessaire, ou que poussant sur les racines à certaine distance du tronc, ils ne puissent former le plant de l'avenir.

Quant à l'émondage, c'est une opération à laquelle il faut procéder annuellement ; elle doit consister dans la soustraction des branches et des racines que les rigueurs de l'hiver ou l'action des insectes ont fait mourir ou ont rendues malades ; c'est l'occasion favorable pour rendre l'écorce de l'arbre aussi lisse que possible.

En ce qui concerne plus particulièrement notre région, il est un point essentiel, mais qui touche peut-être trop à la théorie.

Nos oliviers, ceux du littoral surtout, ont des dimensions splendides, ces dimensions sont telles qu'il est impossible de les surveiller et de les traiter au besoin; je ne conseillerai certainement pas de les ramener à la taille de ceux d'Aix, et d'une partie de la Provence, mais ne pourrait-on pas réduire petit à petit leur hauteur, surtout de manière à ce que la cueillette puisse se faire au moins avec des échelles ; on pourra obtenir peut-être ce résultat en distançant davantage les arbres ; ayant plus d'espace autour d'eux, ils seront moins portés à monter.

A Bari, dans la Pouille, dit M. Barbe, les oliviers étaient nombreux, mais abandonnés à eux-mêmes, traités en arbres forestiers, ils produisaient peu et la population était misérable.

Des industriels français survinrent ; assez mal accueillis d'abord, ils insistèrent et parvinrent à faire accepter les méthodes de Provence.

Les arbres rabattus à des dimensions raisonnables, furent petit à petit amenés à produire chaque année plus ou moins, la cueillette du fruit put se faire à la main, des moulins à nouveau système furent montés et Bari est aujourd'hui le centre d'un pays riche, où viennent s'approvisionner tous les fabricants de conserves de Nantes et de Bordeaux ; pourquoi ce qui a été fait en Pouille ne serait-il pas possible chez nous ?

En 1843, l'ingénieur Bernard a donné de bons principes de taille qui s'écartent peu de ceux que je viens d'émettre; pour lui, tout le système doit consister à faire produire à l'olivier des pousses longues. Il semble approuver la taille *bienne* et s'appuie sur Columelle qui disait : *Non continuis annis sed fere altero fructum affert olea.*

Quant à l'élagage, Bernard ne donne pas de règles fixes ; il condamne l'usage qu'on avait alors, paraît-il, d'enlever un anneau d'écorce autour de l'arbre en fleurs afin de faire nouer plus de fruits ; ce moyen énergique ne doit être employé, dit-il, que si l'arbre est destiné à être coupé après la récolte.

Il condamne aussi une pratique renouvelée d'une erreur ancienne, celle d'ouvrir à l'hiver, des tranchées profondes autour des pieds d'oliviers ; ce mode de culture affaiblissant l'arbre a pu le pousser à produire du fruit extraordinairement, mais, le peu de longueur des pousses nouvelles, a dû prouver l'année suivante, combien on avait été imprudent ; M. Barthès combat aussi cette pratique, conseillée à tort par Pline. Liv. 18.

Il est de toute utilité selon nous, de procéder aux élagages chaque année, au plus tard au mois d'avril ; l'arbre doit être visité avec soins, débarrassé de tout son bois mort, inutile, des pousses gourmandes et des jeunes branches qui paraissent être attaquées par les insectes ; tout ce qui est petit bois, brindille, doit être brûlé immédiatement sur le terrain, à la nuit ; quant aux plus grosses branches, je ne puis trop le recommander, elles doivent être disposées par petits tas à la portée des arbres et rester là, à l'état de piège pour le *Keïron* et l'*Hylésinus*, pendant au moins vingt jours, mais pas davantage.

Ce laps de temps écoulé, le bois ne sera enfermé, aussi

loin que possible des arbres, qu'après qu'il aura été fortement flambé, ou complètement écorcé, ou plongé pendant plusieurs jours dans l'eau ; en agissant ainsi vous détruisez les nichées de *Keïron*. Pour les élagages qu'on serait amené à faire de juin à l'hiver, la ponte du *Keïron* étant ou terminée, ou moins active, il faut toujours brûler à la nuit les brindilles, mais on peut utiliser le gros bois comme on le jugera avantageux. Je ne vois pas pourquoi on ne profiterait pas de l'opération de l'élagage pour passer rapidement un coup de raclette sur les parties du tronc et des grosses branches qui présentent le plus de gerçures, de rugosités ; on détruirait ainsi un grand nombre d'insectes malfaisants et l'on ne pourrait que faire du bien aux arbres.

Au sujet de l'entretien des troncs et grosses branches, voici ce que dit Rosier :

« L'écorce du tronc reste unie tant que l'arbre est « jeune, ensuite cette écorce se ride, se dessèche, se lève « par écailles, et petit à petit les écailles inférieures « font détacher et tomber les supérieures ; ce ne sera « pas perdre sa peine que d'enlever ces écailles en ra- « tissant l'arbre ; les cavités qu'elles recouvrent ser- « vent de repaires aux insectes pendant l'hiver, mais « le grand mal qu'elles causent c'est de retenir beau- « coup d'humidité, et cette humidité rend l'arbre plus « sensible au froid. »

V. — Récolte et Fabrication

Selon les lois de la nature, la récolte des olives devrait être annuelle, et elle l'est partout où les agriculteurs n'ont pas cherché par la culture, la fumure et surtout par la taille et le retard dans la cueillette, à changer l'ordre de la création.

Rosier dit à ce sujet : « l'olivier se couvre chaque « année d'une quantité prodigieuse de fleurs, elle va à « l'infini dans celle qui suit la taille, donc si la récolte

« est alternative, c'est que la main de l'homme l'a « rendue telle. »

Disposé pour des récoltes annuelles ou bisannuelles, l'olivier ne fleurit toujours qu'en juin ; en mai commencent à se former les boutons à fleurs, c'est pourquoi le paysan, qui adore les proverbes, dit : *l'oulivier che non catonne en mai, non catonne jamai ;* on comprend sans peine que cette préparation à la floraison, qui est plus longue chez l'olivier que chez beaucoup d'autres arbres, est reculée à fur et à mesure que l'arbre s'approche des régions qui forment sa limite nord.

Tous les auteurs s'accordent à dire que ce n'est pas avant le milieu du mois d'août que l'olive contient assez de matière nutritive pour que la femelle du *Dacus*, dont nous parlerons plus tard, se décide à lui confier sa progéniture; à ce moment seulement, la matière huileuse commence à se développer, en même temps que la peau du fruit s'est amincie.

A Nice, on fixe exactement le moment où l'huile abonde dans le fruit par le proverbe ci-après : *L'oli arriva quand lou vin es din la tina* (1).

Dans l'Hérault on cueille à la main ou au moyen de petites échelles, en septembre, les olives destinées à être confites vertes, et en décembre, celles dont on doit faire l'huile; rarement il est fait usage de gaules pour abattre les fruits ; on cueille même fin novembre, si on pense avoir à redouter l'invasion du froid.

Dans le Gard, la récolte commence en novembre et finit en janvier.

(1) On peut cependant à la rigueur obtenir de l'huile avant cette époque, qui se rapporte au mois d'octobre, car il est de tradition à Beaulieu, commune de Villefranche, que le 8 septembre de chaque année, la lampe de la Vierge doit être garnie d'huile nouvelle; ayant eu, en effet, l'occasion d'ouvrir un grand nombre d'olives piquées par le *Keïron* dans les premiers jours de septembre, j'ai été à même de reconnaître, qu'à cette époque, le fruit contient déjà un peu d'huile.

Dans le Var, à Cuers, on récolte en décembre et janvier ; à Brignoles tout est cueilli en décembre.

Dans le Narbonnais et le Roussillon, on cueille le fruit soit à la main, soit à la gaule en novembre, aussi ne connaît-on dans ces contrées d'autres ennemis que le *Courcoussoun* ou *Phloeotribus* et la maladie du *Noir* ; le *Dacus* y est, paraît-il, à peu près inconnu.

Dans nos régions, on récolte de bonne heure si l'olive est malade, car on craint l'influence sur un fruit atteint, des intempéries de l'air, des pluies, des brouillards ; si le fruit est sain, si l'année est bonne, on ne se décide à récolter qu'en mai et juin, lorsque les bourgeons de l'année suivante commencent à se manifester.

On a eu le soin d'égaliser un peu le terrain sous les oliviers chargés alors de fruits plus ou moins noirs, on étend dessous des draps communs; chacun sedéchausse, les hommes pour monter sur les arbres, les femmes pour réunir en tas les olives qui en tombant se seraient par trop écartées; armés d'une longue gaule, les hommes parvenus souvent aux plus hautes branches, l'agitent dans le feuillage afin de détacher l'olive de son pédoncule, sans se préoccuper s'ils détruisent ou meurtrissent les germes de la récolte suivante.

« Pourquoi gaule-t-on les olives, dit Rosier, puis« qu'on ne gaule aucun des fruits qui craignent d'être « meurtris (cerises, prunes, poires, pommes) ; l'olive se« rait donc moins délicate ? C'est une erreur ; toute « olive meurtrie soit par la gaule soit par l'effet de « sa chute peut, étant conservée comme on a la facheuse « habitude de le faire, se moisir avant d'arriver sous « la meule. »

Les olives ayant été abattues, il paraîtrait naturel de les porter de suite au moulin pour être triturées, mais la plupart du temps, on agit tout autrement.

Si le propriétaire doit vendre ses fruits à la mesure ou au sac il a intérêt à les livrer sans délai parce qu'ils pèsent davantage ou tiennent plus de place étant frais, mais si la fabrication doit être opérée à la façon et à ses frais dans un moulin banal, ce qui se produit le plus souvent, son intérêt, au contraire, en se préoccupant peu de la qualité du rendement, est de conserver ses olives plusieurs jours en magasin afin de les débarrasser de l'excés d'humidité qu'elles contiennent, car il est généralement admis, qu'en se maintenant cependant, dans certaines limites, le principe huileux que renferme ce fruit ne commence à s'amoindrir que lorsque le principe acqueux a disparu. Lorsque les olives sont soumises fraîches à la meule, aucune addition d'eau n'est nécessaire, mais lorsqu'on doit opérer sur des fruits en partie desséchés, l'huile ne ressort qu'au moyen d'une adjonction d'eau froide ou chaude et mieux encore d'huile.

En Corse, et en Algérie, les oliviers forment de véritables forêts, dont le sol est généralement constitué par des rochers d'où émergent des arbres énormes en grosseur et en hauteur donnant une olive plutôt ronde que longue : autrefois le gouvernement Corse avait pris un arrêté pour que les arbres fussent greffés, on en voit encore de nombreuses traces, mais depuis longtemps, cette bonne mesure a été perdue de vue, les oliviers ne sont ni greffés, ni soignés, ni taillés, paraît-il, on ne se préoccupe pas même de faire tomber le fruit, on le ramasse à terre, après chaque journée de vent ou de pluie; les olives qui ont déjà séjourné plusieurs jours sur le sol, sont alors accumulées dans des magasins dont l'odeur est repoussante ; on peut juger par là de la qualité de l'huile obtenue; non-seulement elle est mauvaise, mais elle ne se conserve que pendant quelques mois; la fleur qui arrive chaque année avec de superbes apparences, chasse les derniers fruits en juin. Dans la partie de la Corse qui regarde l'Afrique, les oliviers sont moins abandonnés, aussi l'huile de Bonifacio constitue-t-elle une qualité relativement appréciée.

Voyons maintenant ce qui se passe au moulin.

Ainsi que nous l'avons déjà dit, les meules verticales et la presse qui les accompagne ont été inventées par Aristée selon Pline, mais il paraît que les meules d'Aristée avaient un avantage marqué sur les nôtres, elles ne trituraient pas le noyau.

Deux moteurs sont en usage, l'*eau* le plus souvent ; parfois le *sang*, comme disent nos agriculteurs, c'est-à-dire une bête de trait.

On parle beaucoup de l'huile *vierge*, mais elle est introuvable pour le consommateur qui s'adresse au commerce consciencieux.

Cette huile exige, pour sa fabrication, tant de soins minutieux que le propriétaire seul, possesseur d'un moulin, peut en préparer pour ses besoins personnels ; on l'obtient en n'employant que des fruits aux 3/4 mûrs, choisis, exempts de maladie ; portés sous la meule immédiatement après leur cueillette, ils doivent être à peine broyés afin, qu'autant que possible, la pulpe seule soit atteinte, car le noyau et l'amande, ainsi que le reconnaissent tous les auteurs et principalement Rosier, fournissent de l'huile c'est vrai, mais une huile âcre et de fort mauvais goût ; la pulpe ayant été écrasée sans addition d'eau ni froide ni chaude, on la réunit en un gros tas au milieu duquel on creuse un puits en forme d'entonnoir ; l'huile s'écoule d'elle-même des parois intérieures et vient remplir le réservoir central d'où elle est enlevée avec une poche ; l'huile ainsi préparée est verte, son parfum est exquis et elle a l'avantage de pouvoir se conserver pendant plusieurs années ; on peut aussi remplir des *sportins* très-propres des pulpes écrasées, les disposer les uns sur les autres comme si on devait les soumettre à la presse, et laisser à leur poids seul le soin de faire dégager l'huile qu'ils contiennent.

Pour obtenir l'huile de 1re qualité, dite huile de canon, on porte les olives sous la meule sans addition d'eau ni chaude, ni froide, si le fruit est frais ; on ramène en tas la pâte grasse obtenue, et on en remplit les *sportins*, espèces de sacs en sparterie grossière, dont nous venons de parler (1).

Dans l'Hérault ce sont des sacs en crin; ces *sportins* ou sacs au nombre de huit à dix, placés sur deux rangs sont soumis à la presse ; dans certains moulins perfectionnés on met la pâte sortant de dessous la meule dans des cylindres en fer cannelés et soumis à une pression hydraulique.

Pour obtenir l'huile de 2e qualité, et extraire de la pulpe les principes huileux qu'elle contient, on jette le contenu des sacs dans une cuve pleine d'eau froide ou chaude, on agite en tous sens, le noyau trituré tombe au fond, la pulpe surnage, on la recueille et on la porte de nouveau sous la presse.

Il y a même des agriculteurs qui répandent de l'eau bouillante sur les *sportins* pressés pour la première fois; cela simplifie l'opération, augmente le rendement, mais diminue la qualité.

Les résidus de la deuxième pression sont encore utilisés dans des établissements spéciaux pour obtenir des huiles communes d'industrie, l'huile de ressence.

Au moyen du sulfure de carbone, on obtient encore 10 p. 0/0 d'huile des marcs ayant passé par toutes les préparations usuelles.

La meilleure huile est celle provenant d'olives n'ayant pas atteint toute leur maturité ; les fruits trop mûrs donnent un produit lourd et sans parfum.

Risso dit que 100 kil. d'olives mûres et saines doivent produire en bonne année 20 kil. d'huile de canon et 4 kil. d'huile de ressence, en mauvaise année 10 kil. et 2 kil. seulement.

(1) D'après Risso, l'huile faite avec la pulpe seulement sans noyau, ni amande, se conserve, paraît-il, pendant dix ans ; celle faite avec des olives vertes reste verte.

Il y a aussi l'huile d'enfer très-claire, mais d'une odeur fort désagréable qu'on recueille sur les eaux de lavage des instruments; elle est utilisable tout au plus pour l'éclairage.

Il existe sur certains points du département des moulins opérant en grand; on cite surtout celui de la Cagne sur le territoire de St-Jeannet.

La fraude trône au moulin comme ailleurs ; si les olives sont moisies, ce qui arrive lorsqu'elles ont été ramassées ou conservées dans de mauvaises conditions, on dissimule le mauvais goût en mêlant au fruit des feuilles d'olivier sauvage.

On prétend même que des huiles de graines sont introduites dans les moulins pour être jetées sur le produit de la trituration afin d'obtenir un mélange parfait.

Les anciens avaient un moyen pour constater ce mélange, c'était d'agiter fortement le liquide suspect, s'il y a de l'huile de graine, disaient-ils, il se formera une écume, ce qui n'aura pas lieu avec l'huile d'olive pure.

De notre temps le commerce consciencieux s'est ému de cette fraude préjudiciable à la réputation de nos huiles, on a préconisé divers moyens, on a même promis une forte prime à l'inventeur du mode d'opérer le plus certain, mais je n'ai pas appris que jusqu'à ce jour, la récompense ait été gagnee ; voici le résumé de ce que dit, à ce sujet, M. le professeur Coutance.

L'analyse donne des résultats insuffisants ; la viscosité peut fournir des données suivant la manière dont se compose une goutte d'huile répandue sur de l'eau ; le point d'ébullition est difficile à apprécier ; le point de congélation est plus probant ; la conductibilité électrique est un moyen peu certain.

L'oléomètre de Lefebre, l'élaiomètre de Gobley, donnent la densité qui peut servir de base de comparaison. Les moyens de contrôle fournis par les réactions chimiques sont nombreux, mais le meilleur de tous paraît-il serait celui de Pontet basé sur les différences de consistance et que M. Pelletier a recommandé en 1819, dans le journal de pharmacie.

Roubaudi dans son livre sur Nice et ses environs (1), traite avec beaucoup de soins la question de la fabrication des huiles.

Il inscrit comme première condition, de tenir les moulins et les ustensiles, qui en composent l'outillage, dans un état parfait de propreté ; il met en principe que la meilleure huile est celle obtenue de fruits arrivés au 5/6 de leur maturité, et n'admet lui aussi d'huile vierge que celle obtenue des pulpes seulement, le noyau et l'amande contenant il est vrai une grande quantité d'huile, mais une huile âcre, nauséabonde qui ressort d'autant plus que le noyau est plus finement trituré.

Il finit en faisant ressortir combien sont nombreux les produits de l'olivier. Ainsi après l'huile ordinaire vient l'huile de *ressense*, plus l'huile d'*enfer*, mais ce n'est pas tout.

Les peaux et les résidus servent à chauffer les chaudières, la boue déposée au fond des bassins d'huile de *ressense*, est utilisée comme engrais ; enfin, les noyaux ou *grignons* sont un excellent chauffage, qui a l'avantage de ne pas dégager de gaz acide carbonique comme le charbon de bois.

L'huile demande des soins minutieux pour être conservée en bon état. On ne peut trop se hâter de séparer celle qui est claire de celle qui ne l'est pas, parce que plus elle séjourne sur la lie, plus elle court risque de contracter une mauvaise odeur et un goût de rance.

Dès qu'elle a été transvasée, retransvasée, filtrée à travers des mousses sèches, du coton cardé, du sable, du plâtre, du charbon de bois, etc., etc., il faut la déposer dans des endroits qui ne soient ni trop chauds pendant l'été, ni trop froids pendant l'hiver; on veillera à ce qu'elle soit mise dans des vases, qui ferment bien, et sur lesquels ce liquide n'ait aucune action. Ces précautions sont indispensables, car l'impression de l'air

(1) Roubaudi. (Nice et ses environs, Paris et Turin 1843, f° 237.)

sur les huiles est trop bien connue pour qu'on ne s'empresse pas de les mettre à l'abri de son contact ; on sait avec quelle rapidité elles absorbent l'oxigène pour passer à l'état d'huiles rances ou impropres à assaisonner les aliments, on peut les ramener jusqu'à un certain point à leur état primitif en les faisant légèrement chauffer avec un peu d'alcool, on les lave ensuite, et on les obtient infiniment moins colorées sans aucun goût ni odeur forte ; on peut aussi employer l'eau de chaux à parties égales, ou 25 centigr. de potasse caustique par kilogr. d'huile. Le meilleur moyen pour la décolorer lorsqu'elle en a besoin, c'est de la mélanger avec des huiles blanches.

L'huile exposée à un certain degré de froid se fige, une chaleur douce la fait revenir à son premier état ; sur l'huile figée surnage une essence dont peuvent se servir les horlogers pour les pivots de montres.

Non seulement on obtient de l'huile des olives, mais encore le fruit de l'olivier devient comestible au moyen de quelques préparations dans lesquelles le sel joue le premier rôle.

On conserve les olives ou vertes ou mûres ; la préparation des olives vertes se fait en grand dans les départements de l'Hérault et du Gard, où sont cultivées spécialement dans ce but des qualités à gros fruit. Dans l'antiquité, Columelle de Cadix s'est beaucoup occupé de la préparation des olives salées.

Voici comment on opère :

En septembre ou octobre, selon les expositions, on cueille à la main l'olive avant qu'elle ait quitté sa couleur verte, et on la jette dans des cuves en bois qu'on remplit d'eau, additionnée d'une certaine quantité de soude de *Salicorne*.

La *Salicorne* et la *Salsola* de la famille des épinards, poussent naturellement sur le littoral de la Méditerranée elles donnent par l'incinération et par le lavage de leurs cendres, une grande quantité d'excellente soude qui est employée dans les verreries et les savonneries ; on peut semer ces plantes sur les terrains qui ont été envahis par la mer, afin d'absorber la soude déposée sur le sol. Dans ce bain, l'olive se ramollit et se saumure, on la laisse ainsi pendant 3 ou 4 jours, puis on la place dans de petits barils avec de l'eau, du sel et des plantes aromatiques.

On reconnaît que l'olive est bonne à expédier lorsque la pulpe se détache facilement du noyau.

On peut aussi verser dans l'eau contenant les olives une lessive de cendres ordinaires, rendue caustique par l'addition d'un peu de chaux vive ; après que les fruits ont passé quelques jours dans ce liquide, on les met dans de l'eau qu'on renouvelle à plusieurs reprises, puis on y ajoute de muriate de soude et des aromates (1).

S'il s'agit d'olives mûres, on choisit les plus noires, les plus grosses, les plus saines, on les expose pendant plusieurs jours au soleil, après les avoir couvertes de sel fin ; on les met ensuite dans l'huile.

Il existe même certaines variétés d'oliviers qui donnent des fruits assez agréables à manger sans aucune préparation lorsqu'ils sont complètement mûrs.

RÉSUMÉ DU PREMIER CHAPITRE

1° Renoncer à traiter l'olivier en arbre forestier, le traiter au contraire en arbre à fruits ;

2° Ne pas mettre son amour-propre à posséder des arbres majestueux, mais à les avoir en bon état et productifs ;

3° Supprimer sans merci les arbres plantés dans de mauvaises conditions ; ou trop exposés aux vents, ou

(1) En Espagne on dit des olives salées : *una es oro, dos plata, tercera mala.* (Une c'est de l'or, deux c'est de l'argent, la troisième vous tue).

trop exposés à l'humidité, ou trop vieux, ou même trop serrés les uns contre les autres ;

4° Rendre aux autres cultures appropriées à la nature du sol et à l'exposition (céréales, arbres à fruits, etc., etc.) les terrains qui ne donnent en olives que des récoltes insignifiantes ;

5° Ne pas perdre de vue que par suite des progrès énormes de la science qui ont jeté dans le commerce de grandes quantités d'huiles de graines diverses, de coton, etc., etc., adoptées par l'industrie, l'olivier ne doit plus guère être cultivé que comme producteur d'huile comestible, ce qui est déjà une belle place à conserver (1) ;

6° Ne planter autant que possible que sur le penchant des collines exposées au midi, l'olivier demandant à être abrité du nord ; choisir un sol caillouteux, rocailleux, comme pour la vigne et le noyer;

7° Donner la préférence pour la plantation aux oliviers sauvages recueillis dans les bois, on greffera ensuite avec de bonnes espèces. d'un rendement certain et bien acclimatées ; à défaut de plants sauvages choisir surtout ceux des rejetons de bonnes essences qui sont le plus éloignés du tronc d'où ils proviennent;

8° En plantant, prendre soin de ne pas offenser les radicelles qui, chez l'olivier, sont très sensibles ;

9° Ne rien semer autant que possible sous les oliviers,

(1) Je connais des négociants qui ont dans leurs piles de très-fortes quantités d'huile d'olive de qualité inférieure dont ils sont très-embarrassés.

Il résulte de documents officiels qu'il est entré, en 1880, par nos divers ports ou qu'il a été fabriqué en France 17,201,364 kil. d'huile de coton. On voit quelle importance prend l'importation de ce produit nouveau.

Cette huile qui peut, avec certains soins, devenir comestible, nous arrive de l'Amérique du Nord (13,151,236 kil.).

Du Levant, il est expédié à Marseille de fortes quantités de graines qui sont traitées dans nos usines méridionales.

Les arrivages de ces graines se sont élevés en 1880, à 21,369,000 kil. devant produire 4,050,128 kil. à raison de 19 pour 0/0.

prohiber surtout les céréales, s'en tenir aux cordons de vignes, ou aux fèves semées en lignes espacées ;

10° Tenir le terrain net, perméable et sans herbes ;

11° Donner des labours fréquents mais légers, afin de ne pas trop blesser le chevelu de l'arbre qui tend à se rapprocher du sol ;

12° Fumure raisonnée ; employer les engrais secs et surtout les chiffons de laine enterrés tous les six ans peu profondément avant les pluies du printemps ; repousser les engrais humains liquides ; renouveler la terre au pied des arbres et faire usage des plâtras de démolitions ;

13° Tenir autant que faire se peut les troncs et les grosses branches lisses, afin d'enlever aux insectes leurs refuges, à la pluie et à l'humidité le moyen de nuire à l'arbre en en provoquant la pourriture ; profiter de la taille et des élagages pour procéder à cette opération.

14° Maintenir les oliviers dans des dimensions telles, qu'il devienne possible de les surveiller, de les soigner dans leurs maladies, et afin que la récolte du fruit puisse être opérée tout au moins avec des échelles ;

15° Avoir pour principe de taille de donner de l'air et de rapprocher les branches du sol ; tailler sans exagération, sans parti pris, de manière surtout à rendre la cueillette facile et à maintenir un équilibre utile entre les branches et les racines.

16° Elaguer à la fin de l'hiver ou au printemps au plus tard et traiter les produits de l'élagage comme il sera dit dans la seconde partie du travail ;

17° Tendre à éviter de faire tomber le fruit avec des gaules, surtout si la récolte continue à avoir lieu tardivement au moment où les bourgeons se manifestent ;

18° Récolter en décembre si l'automne est chaud et se prolonge ; à la fin de mars au plus tard, si l'hiver a été froid.

CHAPITRE II

ENNEMIS DE L'OLIVIER

Il n'existe pas d'arbre qui ait plus d'ennemis que l'olivier, ennemis acharnés après son bois, ses fleurs, ses feuilles, son fruit.

Sans parler du froid et des brouillards qui exercent d'une manière pernicieuse leur influence sur cette essence frileuse, sans parler de la sécheresse trop persistante qui lui est également nuisible, l'olivier a à subir les attaques de certains mammifères, de quelques oiseaux de taille moyenne et surtout d'insectes de presque tous les ordres.

1° Mammifères

Dans certaines contrées on est obligé d'envelopper de caisses ou d'épais fagots d'épines les oliviers nouvellement plantés et les greffes basses afin de les garantir contre la dent des lapins et des bestiaux.

Les *Mulots (Mus Sylvaticus)* font une grande consommation d'olives ; comme ils ne s'adressent pas au fruit pendant, mais uniquement à celui tombé qui constitue souvent un danger et qui est d'une utilisation douteuse, j'ai de la peine à les considérer comme très coupables (1).

(1) J'ai souvent trouvé autour de la retraite des *Mulots* de grandes quantités de noyaux d'olives, presque tous brisés et percés à la naissance du pédoncule, ce qui indiquait que ces fruits étaient des fruits tombés et qu'ils avaient contenu une *chenille mineuse.*

2° Oiseaux

Parmi les oiseaux de taille moyenne il en est qui se nourrissent, les uns de l'olive la *Grive (Turdus Musicus)*, le *Merle (Turdus Merula*, l'*Étourneau* ou *Sansonnet* (*Sturnus Vulgaris*), la *Pie*, *Pica Melanoleuca*), les autres, de l'amande, le *Gros-bec* (*Coccothraustes Vulgaris*) et même dit-on, le *Bec-croisé (Loxia Curvirostra)* ; on peut dire du reste que tous les oiseaux sont friands de l'olive, mais comme l'appétit des petites espèces : *Fauvette*, *Rouge-gorge*, *Becfigues*, *Roitelets*, etc., est vite satisfait et qu'elles dévorent beaucoup plus d'insectes que de fruits, il est juste de les classer parmi les amis de l'olivier.

La *Grive* et le *Merle* font une énorme consommation d'olives ; il est des soirées en automne où certaines contrées sont véritablement envahies par les *Grives*, ce sont les coteaux qui avoisinent des bouquets de bois ; là, aux abords des lieux qui doivent les abriter pendant la nuit, ces oiseaux se livrent à leur repas du soir, non pas en silence, tant s'en faut, car on entend de loin dans le fond des vallées leur caquetage bruyant.

Nous avons fait connaître qu'on devait à ces oiseaux le plant d'oliviers qui pousse dans les bois ; ils ont donc leur utilité ; mais cette utilité peut-elle entrer en compensation avec les dommages qu'ils causent ? je ne le pense pas et l'on ne pourrait blâmer le cultivateur qui, un fusil en main, viendrait troubler le festin de ces ravageurs.

Le *Gros-bec* et le *Bec-croisé* qu'il ne faut pas confondre entre eux, font tous les deux partie de l'ordre des *Passereaux* et de la famille des *Conirostres*.

L'un et l'autre sont des oiseaux de passage qui nichent là où ils trouvent une nourriture abondante et qui descendent vers la Méditerranée en novembre ; ils sont lourds, trapus, de la grosseur d'un gros moineau, leur béc et leurs ongles dont ils se servent pour ouvrir les cônes des pins et les amandes de divers arbres à fruits, ont une grande force de résistance ; chez le *Bec-croisé* qu'on rencontre beaucoup plus rarement, les deux mandibules croisent tantôt d'un côté, tantôt de l'autre, selon les individus.

Le *Gros-bec* et le *Bec-croisé* sont nuisibles à la récolte des olives en ce sens qu'ils attaquent le fruit pour chercher le noyau dont ils mangent l'amande ; ce sont, le *Gros-bec* surtout, de véritables gaspilleurs ; pour dix olives qu'ils utilisent à leur profit, ils en mettent cinquante à bas ; on ne peut donc leur trop faire la guerre. Ils se trahissent d'ailleurs par leur grosseur et par leur cri qui se distingue facilement, bien qu'il ne soit pas très aigu.

L'*Etourneau* ou *Sansonnet* ravage les oliviers dans certaines contrées voisines des marécages.

Enfin, la *Pie*, à peuprès inconnue dans les Alpes-Maritimes, mange les olives dans les régions où elle niche.

3° Insectes

Nous avons dit au commencement de ce chapitre que l'olivier avait à craindre presque tous les insectes.

Parmi les *Hyménoptères :*

Les Fourmis (*Cremastogaster scutellaris* et *Camponotus pubescens.*)

Parmi les *Coléoptères* :

Phloeotribus oleae ou Neïron ; *Hylesinus fraxini* ; *Cionus fraxini*; *Peritelus Schaenherri* et *Cremieri* ; *Othiorhynchus meridionalis*, *Ghilianni* et *oleae* ; *Apion galactitis* et autres du même genre.

Parmi les *Névroptères* :

Le *Termites Colotermes flavicollis.*

Parmi les *Hémiptères* :

Phloeothrips oleae de Targioni (*ver noir ou barban*) *Euphyllura oleae* ou *Psylla oleae* ; et plusieurs

Cochenilles (*Lecanium oleae*, *Aspidiotus villosus*, *Mytilaspis flava*, *Pollinia Costae*, *Philippia follicularis*.)

Parmi les *Lépidoptères* :

Prays oleellus ou *Chenille mineuse* véritablement dangereux ; *Margarodes unionalis* dont la chenille est pernicieuse pour les pousses et les greffes des oliviers ; *Zelleria oleastrella*, *Boarmia umbraria*, *Metrocampa honoraria*. Ces trois dernières espèces vivent plus particulièrement aux dépens des oliviers sauvages, etc. etc.

Parmi les *Diptères* ;

Le *Dacus oleae* ou Keïron.

La liste est longue comme on voit, et j'aurais pu, en admettant les dires de tous les auteurs qui ont écrit sur l'olivier, la faire plus longue encore.

I

HYMÉNOPTÈRES

υμήν (membrane) πτερον (aile)

FOURMIS

—

1° Cremastogaster scutellaris (fig. n° 7.)

J'avais d'abord, sur la foi des écrits de Laure (1), classé cette *Fourmi* essentiellement méridionale parmi les amis de l'olivier, mais j'ai dû me rendre depuis, aux raisonnements de deux de mes collègues de la Société entomologique et faire descendre cet insecte du piédestal que j'étais disposé à lui conserver.

L'un de ces collègues a bien voulu me transmettre, du *Cremastogaster scutellaris*, une description prise

(1) Laure (de la mouche et du ver de l'olive. Société d'agriculture du Var, 1834.)

sur nature que je m'empresse d'utiliser, en l'abrégeant un peu à mon grand regret.

Tête du mâle assez courte, arrondie ; mandibules larges ; palpes maxillaires de 5 art. ; palpes labiaux de 3 art. ; antennes de 12 art. ; thorax un peu étranglé, armé de deux épines un peu divergentes ; 1er art. du pétiole aplati, 2e art. nodiforme creusé au dessus d'un sillon longitudinal assez profond qui le partage en deux moitiés ; abdomen s'unissant au pétiole non par son bord antérieur comme chez la plupart des fourmis, mais par sa face antéro-supérieure, presque cordiforme.

Le plus souvent noir avec la tête d'un rouge vif et les pattes d'un rouge brunâtre ; parfois le thorax et le pétiole sont également rouges ; longueur 3 à 5 millimètres.

Le *Cremastogaster* en question s'avance en file le long des oliviers, caroubiers et autres arbres de nos contrées ; selon Laure il rechercherait les cicatrices faites aux olives dans lesquelles le *Dacus* a déposé ses œufs, afin de s'en emparer. Il est évident que cette *Fourmi* ne circule pas sans but sur le tronc et sur les feuilles de l'olivier, mais il est loin d'être démontré qu'elle soit d'un véritable secours contre les invasions du *Dacus*, car la femelle de ce *Diptère* en déposant ses œufs ne provoque qu'une blessure insignifiante, et la larve est trop profondément enfoncée dans le fruit pour que la *Fourmi* puisse l'atteindre ; le *Cremastogaster* pourrait tout au plus, s'il était carnassier de sa nature, attaquer la mouche au moment où, faible encore, elle sort de l'olive.

Il est plus que probable qu'il est à la recherche des *Cochenilles* particulières à l'olivier, non pour les détruire, mais pour les utiliser à son profit. Voici, au sujet du rôle que peut jouer cet insecte, l'opinion d'un entomologiste qui s'occupe spécialement des *Fourmis* : « le *Cremastogaster scutellaris*, m'écrivait-il, est loin « de fréquenter spécialement l'olivier ; on le rencon-

« tre sur les arbres les plus divers et son objectif est « uniquement de rechercher les *Pucerons* et les *Co-* « *chenilles* dont il suce avec délices la liqueur anale ; « le fait cité par Laure est tout à fait dénué de fonde- « ment et contraire à tout ce qu'on sait des habitudes « des *Fourmis*.

« Les visites que le *Cremastogaster* peut faire inci- « demment aux olives blessées, ont évidemment pour « but de lècher les sucs qui peuvent s'en échapper, car « c'est un fait bien certain que les fourmis ne peuvent « mâcher leurs aliments. »

Mon second collègue va plus loin encore ; pour lui, cette *Fourmi* est coupable, non seulement de creuser sous l'écorce des arbres des galeries qui peuvent leur être préjudiciables, mais encore elle pousse l'amour du *Puceron* et de la *Cochenille* jusqu'à aller chercher sur le sol et rétablir sur les tiges où ils se nourrissent, ceux de ces insectes qui en ont été précipités pour une cause accidentelle (1).

Il est donc utile de rechereher au pied des arbres ou sous les écorces, les nids du *Cremastogaster* et de les détruire.

2° Camponotus pubescens

Une grande fourmi noire, le *Camponotus pubescens* abonde sur les oliviers envahis par la *Morfée* ; cet insecte vient évidemment y chercher le *Lecanium oleae* pour le lècher. Le *Camponotus* parait vivre en bonne intelligence avec le *Cremastogaster*.

(1) L'intelligence des *Fourmis* est admirable. M. André de Gray qui va publier un livre sur ces insectes m'écrivait dernièrement: « Une espèce du *Texas*, le *Pogonomyrmex*, cultive intentionnellement une graminée particulière (*Aristida oliganth a* « qu'elle fait croître sur son nid et dans ses alentours, en extirpant avec soin les autres plantes sur un certain rayon d'exploi- « tation. »

Un auteur anglais vient même de démontrer que les *Fourmis* distinguent parfaitement bien les couleurs.

II

COLÉOPTÈRES

χολεος (étui) πτερον (aile)

—

1° **Phloeotribus Oleae** (Latreille) Fig. 13 et 13ᵃ

Le *Phloeotribus Oleae* est un *Coléoptère* de la famille dévastatrice des *Xylophages* ; il est connu dans nos régions sous les dénominations de *Neïroun*, *Neïron*, *Courcoussoun*, *Babarotte*, *Charençon* ; en Italie on l'appelle *Punteruolo dell'oliva*.

Voici sa description scientifique :

Long de deux millimètres, noirâtre, revêtu d'un duvet grisatre ; tête enfoncée ; mandibules saillantes ; face aplatie et finement ponctuée ; antennes longues proportionnellement à la grandeur de l'insecte, le dernier article divisé en trois feuillets inégaux, ayant la forme d'un rateau, de couleur rousse et hérissées de poils, affectant un caractère particulier qui rapproche le Phloeotribus de la grande famille des Lamelliconnes ; corselet bombé, plus étroit en avant qu'en arrière, arrondi sur les côtés ; élytres bombées, très ponctuées, ornées de dix stries très évidentes, hérissées de poils roux ; corps ramassé ; pattes brunes. Le Phloeotribus a sous ses élytres des ailes membraneuses très longues dont il se sert avec beaucoup d'agilité.

C'est après le *Dacus* ou *Keïron*, dont nous parlerons plus tard, l'insecte le plus nuisible à nos récoltes d'olives, et c'est cependant celui dont les agriculteurs se préoccupent le moins. Le *Keïron* s'attaque au fruit, le *Neïron* à l'arbre lui-même ; il est nuisible non seulement en raison du dommage qu'il cause à l'olivier en atrophiant ses rameaux producteurs, mais encore par l'abri que ses trous abandonnés fournissent au *Phloeothrips* ou *Ver noir* qui y dépose ses œufs et y accomplit ses transformations ; on doit donc tout mettre en œuvre pour le détruire.

En 1826, le professeur Risso parle sans donner aucun détail d'un *Cionus destructor* qui doit être le *Phloeotribus oleae*. (1)

En 1843, l'ingénieur Bernard (2) cite trois insectes qui pourraient avoir du rapport avec notre *Phloeotribus* : Le *Scarabée* de l'olivier qui ne s'attaque qu'au bois mort et qui me paraît être l'*Apate secdentata* sur lequel nous ne nous appesantirons pas; le *Bostriche* qui pourrait bien être notre *Hylesinus* ; enfin la *Vrillette* de l'olivier que je rapporterai au *Phloeotribus* en raison de la division caractéristique en trois branches de la masse de ses antennes.

L'auteur se contente de dire que sa larve se nourrit de l'aubier et vit sur les petites branches qu'elle fait constamment périr.

En 1848, Bompar (3), de Draguignan, est plus explicite que ses prédécesseurs, il fait ressortir les erreurs commises par Amouroux et Bernard, et en commet lui-même de nombreuses en disant que le *Phloeotribus* naît et vit sur l'olivier, qu'il vole rarement, qu'il se nourrit plutôt du bois sec que du tendre ; il va jusqu'à émettre la supposition qu'il pourrait bien naître de la sève en fermentation, dans le bois séparé de l'arbre et termine par cette interrogation tout au moins singulière, surtout si on se rapporte à la date du travail : *Le germe serait-il ambiant ?*

Le docteur Martinenq, de Grasse, a publié en 1863 et en 1864, au sujet du *Neïron* deux rapports dans lesquels il rend compte des remarques si judicieuses de M. Bertrand, propriétaire à Châteauneuf; j'ai lu avec

(1) Risso (Histoire naturelle des principales productions méridionales 1826.)

(2) Ingénieur Bernard. (Traité de culture de l'olivier (Draguignan 1842.)

(3) Bompar (Mémoire sur les insectes qui vivent aux dépens de l'olivier. Draguignan 1848.)

une attention soutenue le travail de M. Martinenq, j'en ai comparé les observations avec celles que j'ai faites moi-même, et j'ai constaté combien M. Bertrand avait vu juste et quels services ses observations et recommandations auraient pu rendre aux agriculteurs si elles avaient été exactement suivies.

On me saura gré, je l'espère, de donner ici l'analyse des deux rapports de M. Martinenq en faisant ressortir en quoi les indications qu'ils renferment diffèrent des observations que j'ai relevées moi-même.

« Il n'est personne parmi les propriétaires d'oliviers, « dit le docteur Martinenq, qui ne connaisse, ou du « moins qui n'ait vu à l'œuvre ce petit insecte, gros « comme un grain de millet, qui ne mesure qu'un mil- « limètre de la tête à l'abdomen, lorsqu'il s'introduit, « pour y déposer ses œufs, sous l'écorce des branches « provenant de l'élagage des oliviers pratiqué à la fin « de l'hiver ou au commencement du printemps, bran- « ches qui dans un court espace de temps sont alors « criblées de petits trous, rendus visibles par une pous- « sière d'un blanc jaunâtre provenant du rongement « intérieur de l'écorce et du bois, et repoussée en dehors « par l'animal qui cherche à établir sa galerie inté- « rieure (1). »

Suit une description qui n'a rien de scientifique et qui même est inexacte sur plusieurs points, l'auteur avoue du reste son incompétence en matière d'histoire naturelle, M. Bertrand et lui sont des observateurs et voilà tout ; ce qui ne diminue pas le mérite réel de leur travail, tant s'en faut.

Les branches que préfère le *Neïron*, continue M. Martinenq, sont les moyennes où il trouve une écorce

(1) M. Martinenq ne paraît pas avoir remarqué que les *Phloeotribus* opèrent toujours par couple, le mâle et la femelle, et que chacun des individus, après être entré sous bois par une galerie commune presque verticale, trace l'un à droite, l'autre à gauche, sa galerie horizontale contournant la branche attaquée et où sont disposées les niches à œufs.

tendre, épaissé et conservant plus longtemps que les plus petites le degré d'humidité nécessaire pour que le développement de l'œuf puisse s'effectuer ; il est facile de voir que les larves déposées dans les branches trop petites ont avorté.

On peut s'assurer que l'insecte n'attaque les branches d'élagage qu'à une époque déterminée comprise entre janvier et juillet, car les branches coupées passé cette époque et mises dans les mêmes conditions que celles provenant de la taille du printemps ne se couvrent pas de *Neïron* ; cette remarque, qui est discutable, selon moi, a cependant son utilité pour fixer l'opinion sur la question de l'avantage ou le désavantage qui peut résulter de la conservation du bois provenant des élagages, dans le voisinage des oliviers, ainsi que sur l'époque la plus convenable pour opérer ces élagages.

Selon MM. Bertrand et Martinenq, le *Neïron* a deux phases de son existence bien distinctes, la ponte sur le bois coupé et les dommages causés à l'arbre sur pied. Sur l'arbre, il ronge et perce l'écorce tendre de l'olivier autour des jeunes pousses qui doivent assurer la récolte future, et traverse quelquefois la base des petits rameaux de part en part ; il semble préférer l'angle formé par deux bourgeons en choisissant toutefois les parties opposées à la direction des pluies et en s'éloignant de celles exposées au nord ; ses galeries sont peu profondes, il les abandonne volontiers pour aller en creuser d'autres dans le voisinage.

« Le *Neïron*, dit l'auteur des rapports, habite toute « l'année sur l'olivier, sauf pendant la saison de la « ponte, sur les bois coupés qui, commencée à la fin de « l'hiver dure 45 à 50 jours et se prolonge parfois jus- « qu'en juin ; il est probable que les parents doivent « mourir peu aprés qu'un asile a été assuré à leur pro- « géniture (1). »

(1) Cette opinion de M. Martinenq qu'il n'y a qu'une ponte, sera discutée ultérieurement.

M. Bertrand semblait penser que la femelle produit directement des larves, mais M. Martinenq a relevé cette erreur.

Je n'ai pas besoin de faire connaître que la femelle fécondée du *Phloeotribus* dépose un œuf dans chacune des petites amorces, ou petites loges souvent très-nombreuses que le mâle et elle ont creusées dans la muraille des galeries immédiatement au-dessus de l'aubier et que ces œufs sont enveloppés dans la sciure de bois dont ils ont la couleur et la grosseur, ce qui les a fait échapper à l'observation de M. Bertrand ; reprenons notre analyse.

« On peut voir, dit M. Martinenq, les jeunes larves, « partant de leur ogive, creuser à leur tour dans le sens « de la longueur de la branche, des galeries plus ou « moins perpendiculaires à celles pratiquées par leurs « parents ; vers la mi-juillet, toutes les larves sont de- « venues *Neïron*, et on ne trouve plus dans les bran- « ches d'élagage que des larves mortes ou avortées.

« Dès que l'insecte est parfait, il perce l'écorce du « dedans en dehors et s'envole sur les arbres pour y « commencer ses dégâts (1). »

Ces dégâts sont-ils réels ? doit-on les mettre à la charge du *Neïron* ? MM. Martinenq et Bertrand le disent, et je le certifie; j'ai pu les constater à plusieurs reprises et les montrer aux agriculteurs qui, impressionnés par la perte de leurs olives due au *Keïron* ou *Dacus*, semblent se moins préoccuper du danger aussi réel cependant, que courent leurs arbres.

C'est bien le *Neïron*, dit M. Martinenq, qui mine la base des jeunes pousses, les traverse souvent et cause

(1) Ce que ne dit pas M. Martinenq, c'est qu'au commencement de juillet, lorsque la première ponte est terminée et que les jeunes larves se développent, le mâle des parents se rapproche du trou d'entrée et vient y mourir, obstruant ainsi le point d'accès. La femelle en fait autant dans le nid à une seule galerie, qu'elle va souvent établir seule après avoir peuplé le premier.

leur dessèchement et leur chute; pond-il également sur l'arbre vivant? c'est un point qui n'a pas été éclairci, ajoute ce docteur.

De ce que certains auteurs semblent admettre qu'il n'y a par année, qu'une seule génération de *Phloeotribus oleae*, et que cette génération a lieu exclusivement au printemps dans les bois provenant des élagages; de ce que des centaines de ces insectes ayant la même origine, sont morts dans mes vitrines après une existence de plusieurs semaines et des dégâts évidents aux jeunes branches mises à leur disposition, sont morts dis-je, sans s'être accouplés et par conséquent sans avoir préparé une seconde génération ; de ce qu'enfin, dans les galeries que j'ai remarquées sur les jeunes tiges des arbres vivants, il n'existait aucune trace de galeries secondaires indiquant le travail des larves, il ne faudrait peut-être pas induire que l'insecte éclos en juin ou juillet et dont les métamorphoses se sont accomplies dans une période de 50 à 60 jours seulement, reste jusqu'au printemps prochain sans satisfaire aux lois de la procréation. Bernard, Companyo, Bompar et d'autres admettent plusieurs générations annuelles, et voici ce que je traduis à ce sujet à la page 14 du bulletin, n° 9, des Annales d'Agriculture de Florence, publié en 1879: c'est le document le plus sérieux et le plus récent sur lequel je puisse m'appuyer (1).

« L'honorable baron G. Ricasoli a envoyé en 1877 de « Valdarno et de la province de Sienne à la Société « entomologique de Florence, et cette Société a reçu « du comice agricole de Pérouse en 1878 (20 avril), de « jeunes branches d'oliviers dans lesquelles les femelles « de la première génération du *Phloeotribus oleae* « *(Punteruolo dell'olivo)* étaient enfermées, occupées « à percer leurs galeries et à déposer les œufs de leur « génération d'été si dangereuse pour les rameaux à « fleurs et de laquelle s'écouleront la 3e et la 4e peut-

(1). Annali di Agricoltura n° 9. (Roma 1879).

« être, qui attaquent le bois vivant et les rameaux à « fruits, préparant les dégâts de l'année suivante. »

Il peut donc y avoir dans le cours d'une année plusieurs générations de *Phloeotribus oleae* soit sur les bois d'élagage, soit sans doute sur les branches malades des arbres vivants ; ce qui démontre évidemment la nécessité de combattre la plus importante de ces générations, la mieux prouvée, selon moi, celle des bois d'élagage que nous avons sous la main, et qui nous offre un merveilleux et infaillible moyen sinon de destruction complète, du moins d'atténuation très-sensible du fléau.

M. Companyo, de Perpignan (1), est le seul à ma connaissance, qui ait parlé d'un parasite du *Phloeotribus oleae* qu'il a décrit sous le nom de *Locusta arachnoïdea* (*sauterelle arachnoïde*,) et dont il a donné un dessin assez bizarre. Il se peut que dans les Pyrénées Orientales le *Phloeotribus* ait un parasite ou plutôt un ennemi, mais malgré mes recherches nombreuses, je n'ai rien pu découvrir de pareil, dans nos régions.

De tout ce qui précède il résulte, que lorsque l'élagage a lieu à la fin de l'hiver ou au printemps, jusqu'en juillet, il faut séparer sur place, d'un côté, les brindilles qui peuvent et doivent contenir plus ou moins de *Phloeothrips*, de *Cochenilles*, de *Psylles*, comme nous le ferons connaître en temps utile, et qui doivent être brûlées immédiatement, et, d'un autre côté, les grosses branches qui seront surveillées, afin de bien constater qu'elles ont attiré le *Keïron*. Vingt jours après, lorsqu'on pourra avoir la certitude que les larves sont nées et travaillent, on brûlera, comme je l'ai dit au chapitre de l'élagage et comme je ne puis trop le répéter, ces gros bois qui ont servi de piége où si l'on veut les conserver, on aura le soin de les flamber énergiquement, de les écorcer, ou même de les noyer pendant plusieurs

(2) Companyo, Annales de la Société agricole, etc., etc., des Pyrénées Orientales (1858, f° 567.)

jours consécutifs, et on les enfermera dans un endroit sec, fermé hermétiquement, et éloigné autant que possible des champs plantés en oliviers. J'ai recommandé de brûler les bois d'élagages à la nuit parce qu'alors on aura la chance de détruire ainsi un grand nombre de *Phalènes* et de *Tinéides* qui nuisent à l'olivier.

Quant aux élagages pratiqués de juillet à l'hiver, comme les bois qui en proviennent, les petites branches surtout, renferment beaucoup de *Phloeotribus* et *d'Hylesinus* vivants, beaucoup de *Phloeothrips* et de *Chenilles* aussi, on devra les brûler immédiatement, mais on pourra, sans danger démontré, disposer du gros bois, qui ne servira peut-être pas de nid à cette époque de l'année, mais à la condition cependant de le surveiller de temps en temps, dans le cas où on le conserverait à proximité des champs d'oliviers; je préférerais cependant que ces bois fussent traités comme ceux du printemps.

M. Martinenq, après être arrivé à des conclusions et à des conseils qui s'écartent peu de ceux que je viens de donner, termine son dernier rapport par une remarque faite par M. Funel de Clausonne, président de la section d'Agriculture de Nice.

« Quelques personnes, dit M. Funel de Clausonne, « ont paru étonnées de voir le *Keïron* quitter l'arbre « végétant pour attaquer la branche morte (1). La « ponte du *Keïron* a lieu au printemps, alors que toutes « les parties de l'arbre sont turgescentes de sève ; ceux « qui ont vu l'admirable travail de ce *Coléoptère* « pour assurer la perpétuité et la propagation de son es- « pèce, comprendront facilement qu'il ne devait pas « tracer ses galeries avec leurs nombreuses ogives la- « térales, au sommet desquelles il a déposé un œuf « microscopique, dans une écorce aussi inondée de sucs « mobiles formant un double courant ascendant et « descendant. »

(1) La branche fraîchement coupée, plutôt.

Les dommages que le *Neïron* cause aux oliviers étaient connus, mais d'une manière imparfaite, du Maire de Pélissanne, petite commune des Bouches-du-Rhône, puisqu'en mars 1857, ce magistrat municipal agissant en vertu des lois des 19 et 22 juillet 1831, 18 juillet 1837, avait pris un arrêté dans le but de combattre les ravages de l'insecte dénommé par lui *Babarotte.*

Il était enjoint aux propriétaires, dans cet arrêté, « *d'enlever et de transporter immédiatement dans* « *les granges, ou de brûler sans retard le bois* « *d'émondage ;* » mesure qui, toute incomplète qu'elle était, avait, dit-on, produit d'excellents résultats.

En 1878, la Société centrale d'Agriculture de Nice a donné dans sa brochure intitulée : *Le bois d'olivier*, d'excellents conseils aux oléiculteurs ; j'aurai cependant une objection à faire ; on recommande d'enlever immédiatement les bois d'élagage lorsque, selon moi, le but que l'on poursuit sera mieux rempli si on laisse le gros bois sous les arbres au moins pendant vingt jours.

La Société en question est une réunion d'hommes très-experts en Agriculture, Horticulture et Acclimatation, mais ce ne sont pas des Entomologistes. Je ne lui ferai donc pas un crime d'une sorte de confusion de détermination que je remarque dans son travail.

Ainsi le *Phloeotribus oleae* ou *Neïron* est un *Coléoptère* voisin des *Charançons*, c'est vrai, mais faisant partie de la famille des *Xylophages*, tandis que le *Thrips* ou *Phloeothrips*, appelé dans nos régions *Ver noir* ou *Barban*, est un *Hémiptère Thysanoptère ;* ce sont deux insectes de taille, de forme, de nature et de mœurs essentiellement différentes, qui n'ont entre eux d'autre rapport que leur tendance à nuire à l'olivier.

Cette remarque ne diminue en rien le mérite des conseils donnés.

Hylesinus fraxini (Fab.) fig. 14 et 14 [a]

L'Hylesinus fraxini semble n'être pas connu des agriculteurs qui le confondent avec le *Phloeotribus oleae* ou *Neïron* ; il a été peu étudié par les auteurs qui, presque tous, font fausse route, relativement à sa manière de vivre et aux dommages qu'il occasionne aux oliviers. (1)

On a dit que c'était à l'état de larve que ce *Coléoptère* cause ses dégâts, que la femelle fécondée choisit la branche à laquelle elle doit confier sa progéniture et qu'on connaît le point d'attaque aux taches rousses ou d'un gris verdâtre qui y apparaissent.

Il résulte, au contraire, de mes observations que l'*Hylesinus* se comporte comme le *Phloeotribus*, à quelques différences près.

Ainsi, à la fin de l'hiver ou au commencement du printemps, il quitte l'olivier et suit le *Phloeotribus* sur les bois provenant des élagages ; comme lui, il opère à deux, mais tandis que le *Phloeotribus* s'attaque aux parties de moyenne grosseur des branches coupées, l'*Hylesinus* choisit de préférence la partie la plus grosse, mieux à même d'abriter sa larve et établit le plus souvent son trou d'entrée dans les plis raboteux du bois et plus particulièrement encore aux abords d'une branche coupée l'année précédente, là où existe du bois mort. Le couple travaille absolument de la même manière que le *Phloeotribus* et dépose comme lui ses œufs dans des espèces de loges disposées le long des galeries; les larves de l'*Hylesinus* s'avancent dans la lon-

(1) Dans son travail de 1848, Bompar, de Draguignan, parle vaguement et d'une manière peu exacte de l'*Hylesinus fraxini* qu'il appelle *Bostriche*. M. le docteur Martinenq qui écrivait cependant en 1864, n'en parle pas dans ses mémoires, sur les travaux de l'agriculteur Bertrand de Chateauneuf; il ne s'est pas rendu compte des dégâts qu'il cause ou il l'a pris pour un *Phloeotribus* de grande taille.

gueur du bois et l'insecte parfait regagne l'arbre vivant où il pratique des galeries peu profondes en choisissant le dessous du point d'attache des jeunes branches dont il provoque le dessèchement.

L'*Hylesinus fraxini* est un peu moins ramassé que le *Phloeotribus*, un peu moins foncé et plus varié de couleurs, ses élytres aussi longues que larges ont six stries. Il se distingue surtout du *Phloeotribus* par sa taille qui est au moins double de la sienne et par ses antennes qui, au lieu d'être terminées par une espèce de rateau à trois branches inégales, le sont par une massue assez lourde et en forme de cœur. La larve en proportion comme taille, avec l'insecte parfait, est repliée en demi-cercle plus large sur le devant qu'à l'extrêmité postérieure, apode, blanchâtre, et comme ridée régulièrement, tandis que celle du *Phloeotribus* beaucoup plus petite, est comme bossue, irrégulière et a une très grosse tête.

Les moyens de destruction indiqués pour le *Phloeotribus* sont utilisables pour l'*Hylesinus*; on peut ajouter que l'insecte se plaisant dans les parties de l'arbre fortement ridées et présentant du bois presque mort, il est profitable de supprimer autant que possible ces lieux de refuges sur les arbres vivants, ce qui arrive à dire qu'en tenant les oliviers dans un état de propreté satisfaisant, non seulement en ce qui a trait au tronc, mais encore en ce qui concerne les branches principales, on pourra détruire un certain nombre de *Phloeotribus*, d'*Hylesinus* et de *Phloeothrips*, comme nous le démontrerons en parlant de ce dernier insecte.

Il résulte, des observations détaillées que j'ai faites, que l'*Hylesinus* est, par rapport au *Phloeotribus* comme 1 est à 10, mais comme il est deux fois plus gros que lui et que ses blessures à l'arbre vivant sont dans la proportion de sa taille, il peut être considéré comme fort nuisible là où il se manifeste.

3. — **Cionus fraxini** (de Geer) fig. 5. (1)

L'olivier a encore parmi les *Coléoptères* un autre ennemi d'autant plus dangereux, que, dans sa gourmandise il ne s'attaque qu'aux rejets devant servir à la reproduction, aux tout jeunes arbres et aux greffes qu'il dépouille rapidement de leurs feuilles.

Je reproduirai ici l'article que j'ai publié en 1866, dans les annales de la Société entomologique de France au sujet de cet insecte et dont les indications sont en parfait accord avec les nouvelles observations que j'ai renouvelées en 1881.

J'ai pu étudier dans toutes les phases de ses transformations un *Curculionide* qui, à l'état d'insecte parfait, aussi bien qu'à l'état de larve, a causé en 1865 et 1866 des dommages réels aux jeunes oliviers de certaines localités de la commune de Nice et plus particulièrement dans les quartiers de Carras et de Fabron (2).

Ce *Coléoptère* qui n'est autre que le *Cionus fraxini*, (de Geer) apparaît en avril, après avoir sans doute passé l'hiver sous des écorces et déposé ses œufs sur les feuilles des rejetons d'olivier ou même sur celles des jeunes arbres.

La larve, d'un jaune assez accusé, visqueuse, s'attaque à la partie blanchâtre du dessous des feuilles qu'elle dévore par places irrégulières sans toucher à la couche verte et brillante.

Après un laps de temps qui varie entre dix et douze jours, cette larve a acquis tout son développement, elle se pose alors sous une feuille, rapproche sous elle les deux extrémités de son corps, se met en boule, perd sa couleur jaunâtre, sa viscosité, tourne au gris, puis au blanc, se dessèche et devient transparente. Après 24 heu-

(1) Société entomologique de France. 1866 — Bull. f. XLV.

(2) J'ai trouvé depuis en grande abondance cet insecte dans un vallon voisin de Nice.

res, on ne remarque plus qu'une coque parfaitement ovalaire, adhérente à la feuille et dans laquelle se meut librement la larve débarrassée de son enveloppe ; on la voit travailler avec ses mandibules à épaissir, arrondir et polir son berceau qui finit par acquérir une teinte ambrée, elle est arrivée à cette transformation en répandant sur son corps une matière gluante excrétée par un mamelon rétractile situé à la partie supérieure du segment terminal de son abdomen, matière qui lui sert à se maintenir avec facilité sur les feuilles ou à se garantir de la pluie et de l'ardeur du soleil ; puis devenue nymphe, elle se repose et se prépare à sa dernière transformation qui s'opère en huit à dix jours ; c'est alors que l'insecte parfait commence à percer avec son rostre, sa coque dans laquelle il découpe une calotte ou segment sphérique parfaitement régulier.

Le *Cionus* se répand bientôt sur les feuilles qu'il ronge ou à la manière de la larve ou plus simplement par la tranche, il s'accouple et vole jusqu'au sommet des jeunes arbres qu'il choisit de préférence.

Voici sa description scientifique : *antennes fauves, trompe cylindrique, courbée, brune à la base, noire à l'extrémité, tête d'un gris brun avec la partie supérieure noirâtre ; corselet plus étroit que les élytres, d'un gris brun avec la partie supérieure noirâtre ; élytres d'un gris blanc avec stries peu élevées, peu marquées, ponctuées de brun et de gris ; on voit parfois une grande tache noirâtre, commune aux deux élytres qui s'étend de la base au milieu ; dessous du corps couvert d'écailles d'un gris obscur ; pattes fauves ; cuisses sous-dentées.*

J'ajouterai que le mâle est plus petit que la femelle, que son rostre est plus court, que les deux sexes sont très variables dans le dessin des élytres, et qu'à peine éclos, ils se recherchent et s'accouplent, ce qui n'a lieu ni chez le *Phloeotribus oleae* ni chez l'*Hylesinus fraxini*.

C'est à l'état d'insecte parfait que ce *Curculionide*

cause les dommages les plus fâcheux ; non seulement son appétit le porte à dévorer les feuilles sur lesquelles il promène, de haut en bas, une double languette raboteuse contenue dans son rostre, parcourant ainsi et d'un seul trait, une étendue d'un millimètre, mais on le voit encore plongeant ce rostre dans les tiges tendres et pleines de sucs, y causer des lésions qui amènent infailliblement la perte des fleurs et des fruits que ces tiges devaient produire. J'ai constaté que d'avril à la fin de juillet, il pouvait y avoir deux pontes et que la première était toujours faite sur les rejetons et les greffes, d'où j'ai été conduit à penser qu'il serait possible de couper le mal dans sa racine en secouant légèrement, ce qui est facile à faire, ces rejetons et ces greffes dans un parapluie renversé afin de tuer les premiers couples et en examinant aussi les feuilles pour y chercher les larves très-reconnaissables et les coques servant aux métamorphoses. Les larves du *Cionus fraxini* sont attaquées par diverses espèces d'*Hyménoptères* (1), probablement des *Pteromaliens* ; la larve, piquée par l'*Hyménoptère*, dépositaire de l'œuf de son ennemi, continue son existence et sert alors de nourriture aux parasites qui s'y transforment en une petite chrysalide d'un noir métallique, admirable de forme. Sur dix coques de *Cionus* recueillies, la moitié a donné naissance à des *Hyménoptères*.

Les remarques ci-dessus font ressortir, par un nouvel exemple, l'excellence des observations du savant Entomologiste de Mont-de-Marsan, M. Edmond Perris dont nous déplorons tous la perte récente qui, exposant dans les *Annales de la Société entomologique de France*, (année 1863) f. 465, l'admirable instinct des

(1) L'éducation des larves du *Cionus fraxini* que j'ai faite en 1881, a confirmé pleinement les indications assez vagues de 1866. Sur cinq coques que j'ai obtenues et surveillées deux seulement ont abouti à produire des insectes parfaits, les trois autres m'ont donné 10 *Hyménoptères* de différent sexe, dont on trouvera la description au chapitre des amis de l'olivier.

insectes *Coléoptères Phytophages* dans le choix des plantes auxquelles ils confient leurs œufs, établit que l'*Hylesinus fraxini*, à défaut de l'olivier choisit le frêne et faute de ces deux arbres, s'adresse au lilas ou au troëne, quatre genres de la même famille.

Ici, au contraire, c'est le *Cionus* du frêne qui s'attaque à l'olivier sans commettre d'erreur botanique.

En faisant à Carras, et plus tard sur d'autres points, mes recherches touchant la manière de vivre du *Cionus*, j'ai eu lieu de remarquer que l'olivier était aussi recherché par plusieurs autres espèces d'insectes du genre *Apion*, un des plus nombreux de la grande famille des *Coléoptères* (1).

4. — Peritelus Schaenherri. (Boh.) fig. 3.

Un *Coléoptère* essentiellement méridional de l'ordre des *Curculionides* aussi, le *Peritelus Schaenherri*, s'acharne contre les jeunes pousses au centre desquelles il se loge ; ses transformations ont lieu en terre, c'est en terre sans doute aussi que sa larve trouve sa nourriture soit dans les radicelles de l'olivier, soit dans celles d'autres plantes ; le fait est que je n'ai jamais rencontré cette larve sur l'arbre, tandis que j'y ai trouvé celle du *Cionus fraxini* ; mais en mai, l'insecte parfait est commun sur les pousses qu'il atrophie en les rongeant. Le *Peritelus Schaenherri* est un joli insecte d'un gris argenté, à formes élancées et à taille double de celle du *Cionus*, voici du reste sa description scientifique :

Peritelus Schaenherri Boh. Abeille, t, X, f° 52.

Base du prothorax et des élytres coupée tout droit,

(1) Au dernier moment, M. Fauvel me fait connaître que selon lui le *Cionus* dont je viens de parler n'est pas le *fraxini* (de Geer) comme l'avaient pensé MM. Perris et autres, mais le *gibbifrons* (Ksw) ; c'est un point de détermination qui sera élucidé et qui a peu d'importance pour notre travail.

(c'est le signe véritablement distinctif de l'espèce) ; tache scutellaire foncée, taille constante, 5 à 6 millimètres de longueur ; d'un gris d'argent avec parfois un léger reflet jaunâtre ou bronzé qui, sur chaque élytre, forme une bande longitudinale plus foncée.

Rostre court aussi long que la tête, Antennes assez déliées, grises, pubescentes, massue légèrement renflée, ovale, terminée en pointe (1).

Prothorax cylindrique, dessus déprimé. Elytres en ovale étroit coupées droit à la base, terminées en pointe, presque planes sur le dos, convexes par derrière, abaissées à l'extrémité ; stries fines distinctivement ponctuées.

Pattes menues, jambes antérieures dilatées en crochet par devant, arrondies en dehors.

Femelle légèrement convexe en dessous.

La taille relativement grande de ce *Curculionide*, sa couleur argentée tranchant au milieu du vert tendre des bourgeons rend sa capture facile ; on peut le chercher de l'œil sur les pousses ou mieux encore le faire tomber dans un parapluie retourné, en secouant légèrement dedans les jeunes tiges et surtout les rejets et les greffes.

5. — **Peritelus Cremieri** (Boh.) fig. 4.

On prend aussi dans les mêmes conditions que le *Schaenherri*, mais dans des localités différentes, le *Coléoptère* de même famille et de même genre nommé *Cremieri* et dont voici la détermination :

Peritelus Cremieri Boh. (Abeille, t. X, f° 52.)

Un peu moins grand que le Schaenherri, plus bombé, moins argenté, d'un gris blanchâtre avec

(1) Rostre non ou à peine dilaté au sommet sur les côtés à l'insertion des antennes ; l'intervalle des stries des élytres avec une série de squamules redressées. (Cl. Rey).

deux bandes sur le prothorax presque cylindrique. Rostre épais, un peu plus long que la tête (1).

Antennes à massue en pointe allongée distinctivement saillante.

Elytres en ovale long.

Pattes fortes, jambes antérieures élargies au bout, en crochet par dedans, arrondies par dehors. Femelle convexe en dessous avec jambes postérieures simples.

Plus commun que le *Schaenherri*; on le prend aux environs de Nice sur différentes plantes en toute saison.

6. — Othiorhynchus Ghilianii (FAIRMAIRE.)

M. de Marseul, dans l'*Abeille* tome X, f° 159, signale encore comme nuisible à l'olivier en Italie, un autre *Curculionide*, l'*Othiorhynchus Ghilianii*, qui ne me paraît pas avoir été trouvé dans nos régions méridionales.

Il est de forte taille relativement aux précédents, (12 à 13 mill.); la femelle est plus large que le mâle; sa couleur est un brun noir avec pubescence grise, fine et courte; les élytres sont larges, les pattes rouges, les genoux et les tarses plus foncés : les cuisses fortement renflées en massue, jambes arquées à l'extrémité.

Je vois aussi figurer dans l'*Abeille*, f° 159 du même volume, un autre *Othiorhynchus* que son nom d'espèce *Oleae* semblerait indiquer comme vivant aux dépens de l'olivier.

(1) Rostre assez fortement dilaté au sommet sur les côtés à l'insertion des antennes; l'intervalle des stries des élytres avec une série de simples poils plus ou moins couchés dans les deux espèces; les mâles ont ordinairement le *mesosternum* et la base du ventre subexcavés (Cl. Rey.)

7. — **Othiorhynchus meridionalis** (Sch.)

Bompar, f° 14, de son mémoire de 1848, cite l'*Othiorhynchus meridionalis* comme nuisible à l'olivier.

Tête allongée, antennes coudées; 5 *à* 6 *lignes de long ; corps noir et dur ; on l'appelle Chaplum à Toulon ;* c'est un insecte nocturne qui accomplit ses transformations au pied de l'arbre et se nourrit des feuilles et du jeune bois, il faut le chercher le jour au pied des oliviers pour le détruire.

L'*Othiorhynchus meridionalis* se prend communément à Hyères au pied des oliviers ; on le trouve aussi dans les Alpes-Maritimes, mais en moins grande abondance.

8. — **Oryctes grypus** (Ill.)

Un autre *Coléoptère* de forte structure, l'*Oryctes grypus* de la famille des *Lamellicornes* désigné par Bompar (1) sous la dénomination vulgaire de *Rhinoceros* ou *Engraisso galinos*, avait été accusé de causer des dommages aux oliviers dont il ronge les racines à l'état de larve, et qu'il empoisonne, dit l'auteur, par ses excréments dont l'odeur est infecte, Bernard ne partage pas cette opinion dans son mémoire de 1782, et Bernard doit avoir raison, car il est démontré que la larve de ce *Coléoptère* que l'on pourrait seule mettre en cause, l'insecte parfait étant inoffensif, se développe uniquement dans les tans de différente nature et plus particulièrement dans le tan des tanneurs où elle est recherchée par l'*Hyménoptère Scolia hortorum* qui lui confie ses œufs; or, les oliviers ne sont pas comme les châtaigniers et les caroubiers, ils produisent peu au point

(1) Bompar. Mémoire sur les insectes qui vivent aux dépens de l'olivier (Draguignan 1848).

du tan, et quand bien même ils en donneraient en assez grande quantité pour pouvoir fournir un asile à des larves aussi volumineuses que celles de l'*Oryctes*, il serait facile de détruire ces larves.

B. de Fonscolombe met l'*Oryctes nasicornis* au nombre des ennemis de l'olivier.

On peut toujours, dit l'ingénieur Bernard, dans son travail de 1848, dans la crainte d'un mal qui ne paraît pas certain, répandre aux pieds des arbres, comme le conseille La Brousse, de la suie qui tout au moins constitue un excellent engrais, ou employer le moyen donné par Columelle qui consiste à enterrer de la lie d'huile qui est mortelle pour les insectes.

9. — Vesperus strepens (Fab.)

Enfin on pourrait croire que ce beau *Longicorne* nocturne est un ennemi de l'olivier, car on trouve parfois pendant le jour, l'insecte parfait à l'état de repos dans les excavations de cet arbre ; mais il est à peu près prouvé que la larve vit en terre et s'y transforme, et comme ce *Coléoptère* sans être rare dans nos contrées, n'y est cependant pas commun, il n'est pas à présumer qu'il puisse être accusé d'autre chose que de vivre aux dépens des racines de l'olivier, ce qui d'ailleurs n'est pas démontré; je supposerais plutôt qu'il attaque les racines de la vigne, comme son voisin en espèce, le *Vesperus Xatartii* si redoutable pour les vignes de Collioure. Il est probable que si le *strepens* est rencontré dans les oliviers creux ce n'est pas parce que l'arbre a abrité, nourri sa larve comme le chêne pour le *Cerambyx heros*, le *Lucanus cervus* et le *Prionus corriarius*, le pin pour l'*Ergates faber*, le tilleul pour l'*Aegosoma scabricorne*, etc., etc., mais parce qu'il a cherché et trouvé dans le tronc creux de l'arbre un lieu de refuge contre la lumière du jour qu'il fuit.

10. — Cantharis vesicatoria (LINNÉ)

Bompar met la *Cantharide* au nombre des insectes nuisibles à l'olivier. « Ces *Coléoptères* vésicants atta-« quent quelquefois, dit-il, le feuillage de l'arbre ; « leurs dégâts ne sont que passagers, mais ils sont « prompts et forts, c'est en avril et en mai qu'ils ont « lieu. »

Il n'est pas extraordinaire que d'aventure, lorsqu'elle ne rencontre pas le frêne ou le lilas, la *Cantharide* s'adresse à l'olivier qui est de la même famille botanique ; mais ce que l'on sait des mœurs de cet insecte et de ses premiers états, n'est pas de nature à le faire considérer comme un véritable ennemi de l'olivier.

Companyo de Perpignan parle d'un *Longicorne* qu'il nomme *Vesperus sex-pustulatus*, beaucoup plus petit que le *strepens* qui vivrait dans le bois de l'olivier ; comme cet insecte est rare, paraît-il, il ne doit pas être dangereux.

Il en serait de même d'un *Elatéride* très-rare aussi, l'*Agrypnus carbonarius*, noir, velouté, parsemé de petits points d'un blanc argenté que signale aussi Companyo.

Le bois complètement mort de l'olivier est attaqué par le *Sinoxylon sex-dentatum* et par l'*Hylesinus oleiperda*, qui ne sont communs ni l'un ni l'autre, et qui offrent pour nous peu d'intérêt. L'*Hylesinus oleiperda* est moins gros, plus ramassé de forme, plus sombre de couleurs que le *fraxini* dont nous avons parlé.

III

NÉVROPTÈRES

νεῦρον (nerf) πτερον (aile)

1. — Colotermes flavicolis (Latr.)

Un de mes collègues, en *Entomologie*, m'a fait connaître qu'à Amélie-les-Bains, il a trouvé un *Termite*, le *Colotermes flavicollis?* réduisant en poussière des troncs d'oliviers vieux mais encore vivants. Comme l'olivier peut donner une récolte, même lorsqu'il ne paraît avoir que son écorce, il est évidemment nécessaire de le débarrasser des *Termites* qui, tout en attaquant le bois mort, ne se font pas faute d'endommager les parties en état de végétation. Dans le cas soumis par mon collègue, l'eau bouillante ou le feu, surveillés dans leur emploi, sont d'une bonne application.

IV

HÉMIPTÈRES

ημισος (demi) πτερον (aile)

1. — Phloeothrips oleae (Targioni) fig. 8

Thrips oleae (Costa)

Mon chapitre sur le *Thrips* de l'olivier allait être livré à l'imprimeur lorsque j'ai eu connaissance d'un mémoire des *Annales d'Agriculture* de Florence, paru en 1881 et dans lequel Targioni-Tozzetti, rendant compte des travaux du naturaliste Haliday (1), donne

(1) Haliday (The antom. mag. T. 111, p. 439). Targioni Tozzetti, (Annali di Agricoltura 1881 nº 36, f. 125, Parte scientifica. Firenze e Roma).

une nouvelle classification du *Thrips*. C'est Haliday qui, frappé des caractères si marqués de ces insectes, les a considérés comme devant former un ordre particulier sous la dénomination de *Thysanoptères* θυσανος (frange) πτερον (aile), qu'il a divisé en deux familles, les *Tubulifères* et les *Terébrantes*. Notre *Hémiptère Homoptère* noir de l'olivier, sera donc un *Thysanoptère Tubulifère*, puisqu'il porte une tarière en forme de tube, et nous lui appliquerons le nom de *Phloeothrips oleae* que lui a donné Targioni.

Cela établi, reprenons notre travail primitif.

En 1826, Risso (1) avait parlé vaguement d'un *Staphylin noir (Staphylinus lugubris)* qui pourrait bien être notre *Phloeothrips* de l'olivier.

En 1834, Passerini publia à Florence (2) un mémoire, dans lequel il disait qu'en avril il avait trouvé un *Thrips* dans ses divers états sur les feuilles des oliviers des environs de Pietrasanta ; chaque bourgeon de ces oliviers, dit-il, contenait 4 à 5 œufs, les larves allaient se fixer sur la marge inférieure des feuilles pour se nourrir de leur parenchyme. Dans les heures les plus chaudes, ces insectes volaient d'un rameau à l'autre et du printemps à l'automne, se produisaient plusieurs générations ; de là, ajoute Passerini, on peut argumenter qu'il ressort nécessairement du fait de ces insectes un véritable dommage causé aux oliviers ; à cet *Hémiptère*, le naturaliste italien avait donné le nom de *Thrips phaesaphus* (Linné).

En 1846, Mazzarosa (3), dans un livre sur l'Agriculture des campagnes de Lucques, dit qu'au commencement de ce siècle, il se manifesta dans quelques champs d'oliviers du littoral un *Thrips* qui fit, de mai à août, de grands

(1) Risso (Histoire naturelle de l'Europe méridionale. Paris, 1826).

(2) Passerini (Alcune notizie sopra una specie d'insetto, etc., Firenze, 1834).

(3) Mazzarosa (Le pratiche della campagna Lucchese, page 128. Lucca 1846).

ravages dans les jeunes feuilles et les jeunes fruits. 6,000 oliviers furent atteints, le dommage fut énorme et l'effroi des agriculteurs tel, qu'ils abandonnèrent leurs arbres infestés; quelques-uns cependant employèrent les grands moyens, ils firent de larges coupes et s'en trouvèrent bien. Selon Mazzarosa, le *Thrips* préfère les oliviers domestiques plantés à l'occident dans les terrains siliceux.

J'arrive à Bompar (1) de Draguignan, le premier naturaliste français qui ait parlé longuement d'un *Thrips*, sans désignation d'espèce, comme ennemi de l'olivier, dans un mémoire daté de 1848.

Selon lui, cet insecte aurait deux pontes, en avril et en septembre ; il déposerait ses œufs à l'extrémité des tiges du sommet de l'arbre, dans les petits trous qu'y a faits le *Phoeotribus* ou *Neïron*, ou dans ceux qu'il pratique lui-même ; cet *Hémiptère* aurait causé de grands dégats en 1603, 1820, 1836 dans le terroir de Draguignan. Le *Thrips*, dit Bompar, se nourrit du suc des tendres feuilles et des bourgeons qu'il crible de petits trous. Il est à remarquer, ajoute l'auteur, que les arbres envahis par le *Thrips* ne donnent du fruit que sur les branches basses ; le plus fort du ravage aurait lieu en juin, juillet et août.

En 1863 et 1864, le docteur Martinenq, de Grasse (2), donne sur cet insecte, d'après M. Bertrand, cultivateur à Châteauneuf, des indications beaucoup plus précises. Le *Thrips* qu'on appelle *ver noir* dans l'arrondissement de Grasse, et *Barban*, sur la rive gauche du Var, habiterait, selon MM. Martinenq, Bertrand et Isnard, en nombre, pendant l'hiver le dessous des écorces, des feuilles tombées et moisies, mais de préférence les loges abandonnées par le *Neïron*, choisissant celles qui sont le mieux abritées.

(1) Bompar (Mémoire sur les insectes qui vivent aux dépens de l'olivier. Draguignan 1848).

(2) Docteur Martinenq, de Grasse. (Rapports sur les insectes rongeurs des oliviers, 1863, 1864).

Dans la belle saison, il circule sur le tronc et sur les feuilles ; c'est dans les galeries du *Neïron*, comme l'avait déjà dit Bompar, que la femelle viendrait pondre ; à ces méfaits déjà indiqués, ces messieurs ajoutent qu'il attaque les jeunes fruits, et que les cultivateurs sont persuadés qu'il empoisonne tout ce qui est mis en contact avec lui.

J'ai recherché le *Phloeothrips oleae* dans les quartiers de Falicon et de la Mantega, qui en ont, autour de nous, la triste spécialité, et j'en ai recueilli en quantité assez grande pour pouvoir l'étudier, le décrire et le dessiner.

Voici la description que j'en ai faite et que j'ai contrôlée depuis avec celle du naturaliste italien Targioni Tozzetti.

Longueur 2 à 3 millimètres.

Corps complètement d'un noir de poix, brillant, linéaire, six pattes ; tête aussi haute que large arrondie sur le devant, yeux gros et à facettes ; antennes de 9 art., aussi longues que la moitié du corps, insérées sur le devant de la tête, les premiers et derniers articles noirs, les intermédiaires couleur de poix, le dernier pointu garni de quelques poils noirs, prothorax presque hexagone ; 4 ailes membraneuses prenant très haut sur les épaules, collées deux par deux et venant se croiser sur le corps de manière à dépasser l'abdomen, très transparentes, roussâtres, étroites, arrondies vers l'extrémité, garnies de longs poils noirs ; chaque aile ressemble à une plume ; pattes noires, courtes ; deux tarses, dont le dernier est terminé par une ventouse garnie de poils fins et serrés, armée de crochets ; abdomen noir de 9 segments, avec couleur de poix sombre à la jonction des anneaux, terminé dans les deux sexes par un tube ou tarière garni de poils noirs à son extrémité.

Je ne connais pas exactement ce qui distingue le mâle de la femelle.

Avant d'arriver à l'état que nous venons de décrire, c'est-à-dire à celui d'insecte parfait, le *Phloeothrips* passerait par deux états préparatoires qu'Haliday appelle *Propupe* et *Pupe;* ils sont caractérisés par la couleur moins noire de l'insecte et par l'absence d'ailes ; ces états avaient été déjà décrits par Costa.

Passerini indique comme remède, de ramasser et de brûler après la cueillette des olives, la plus grande partie des ramilles pourvues de feuilles, de visiter les arbres pour détruire les abris et de passer sur les troncs et grosses branches du lait de chaux ; il conseille enfin de donner une plus abondante fumure à la plante attaquée, à l'effet de développer une forte végétation propre à dominer et à paralyser la force de multiplication des germes restants.

M. Bertrand avait inventé un liquide visqueux qui, déposé en anneaux sur les branches à fruits, devait empêcher le *Phloeothrips* de les attaquer, mais ce procédé devenait difficilement applicable dans une région où les oliviers ont un si grand développement. Targioni donne comme moyen curatif la fumée de tabac, de bitume, de soufre, de nitrobenzine, les lessives alcalines et même l'eau bouillante ; mais comme il est démontré que les arbres envahis le sont pour longtemps, que l'insecte se localise sur certains points, sur certains arbres même, et qu'il n'aime pas à être dérangé, le meilleur moyen à employer, me paraît être celui recommandé par Mazzarosa de Lucques : tailler court et beaucoup, avec persévérance et brûler immédiatement le produit de ces tailles, sans oublier de tenir les arbres en bon état de propreté.

FAUX PUCERONS

2. — Psylla — Euphyllura oleae (Foerster 1848).

Araneum d'après Pline, *Bumbacella Ragnatella* en Italie, *Pulgilla* en Espagne.

Je transcris ici ce que B. de Fonscolombe dit de cet insecte qu'il désigne sous le nom de *Psylle* du *Coton des Fleurs* (1).

« Sa larve, dit ce naturaliste observateur, produit « le coton qui entoure quelquefois les fleurs d'oliviers, et « elle se cache sous cette enveloppe qui est une sécré- « tion de l'animal ; l'insecte parfait paraît en juillet et fré- « quente alors les oliviers, soit pour se nourrir de leur « suc, soit pour y pondre ses œufs, tandis que la larve « et son nid paraissent en même temps que les boutons « à fleurs commencent à se développer ; le *Psylle*, « dans son dernier état n'a qu'une ligne de long tout « au plus, son corps est d'un vert jaunâtre, son front « est avancé, aplati, de la forme d'un bouclier ; an- « tennes plus longues que la tête, filiformes surtout « vers leur extrémité ; corselet transverse et fort étroit ; « écusson très-visible et très-bombé ; élytres en toit « presque carrées dilatées au côté extérieur de leur base, « arrondies à l'extrémité, blanchâtres d'une transpa- « rence louche, marbrées de taches roussâtres, deux pe- « tits points noirs au milieu du côté interne ; ailes blan- « ches et transparentes ; abdomen conique ; l'anus de la « femelle paraît armé do doux grandes lames triangu- « laires réunies qui doivent lui servir à pondre et à « conduire ou fixer ses œufs, la trompe est couchée le « long de la poitrine ; pattes assez épaisses, cuisses « dilatées en massue servant à sauter.

« La larve et les nymphes ressemblent, sauf les

(1) De Fonscolombe (Annales de la Société entomologique de France, vol. IX m. 7. 1840).

« ailes, à l'insecte parfait, elles sont d'un vert plus « pâle. »

La description de l'insecte parfait est très-exacte ; mais celle de la larve et des nymphes est beaucoup moins satisfaisante, il n'est rien dit non plus de la manière de vivre de l'*Euphyllura*.

L'ingénieur Bernard, dans son mémoire de 1848, déjà cité, parle d'un *Psylle* dont il ne donne pas le nom d'espèce, et qui s'attaquant en grand nombre à la tige, et à l'aisselle des feuilles, produit une extravasion de sève, nuisible aux arbres.

C'est, dit-il, un *Puceron* ressemblant à une petite *Cigale*, long d'une ligne, à quatre ailes transparentes, avec antennes filiformes, à trompe visible, au ventre verdâtre terminé en pointe, aux pattes jaunâtres ; il vole rarement, marche de côté lorsqu'on l'approche et saute avec une grande facilité ; il se localise en famille à l'aisselle des feuilles et autour du pétiole sous une enveloppe cotonneuse que Pline (1) appelle une toile d'araignée; il secrète de l'anus une matière mielleuse et à saveur douce qui se met en gouttelettes ou larmes, et qui pourrait bien être l'*Eleomeli* des anciens. Le *Psylle* de l'olivier a du rapport avec celui de l'aulne (*Psylla alni*), qui, comme lui, s'enveloppe dans une matière cotonneuse blanche.

Bompar de son côté expose que les *Psylles* sont des insectes très-petits, à tête large, raccourcie ayant des yeux saillants ; la larve serait munie de six pattes. Il y aurait deux pontes, l'une en avril, l'autre en septembre, cet insecte qui s'attaque plus particulièrement aux jeunes greffes, et les a bientôt détruites, serait appelé *Sauteret* à Grasse, en raison de la faculté qu'il a de sauter, et *Blanquet* à Toulon, à cause de la couleur de son enveloppe.

Depuis 1848, la science a fait des progrès, on s'est beaucoup occupé de cette famille intéressante ; il a été

(1) Pline (livre 17, chap. 24).

démontré que la larve avait deux phases d'existence, et que la nymphe possédait toute l'activité de l'insecte parfait, sauf le vol et le saut (1).

Voici le résultat de mes études particulières. Sous une enveloppe cotonneuse d'un blanc de lait, un peu gluante à sa base, se meuvent les larves et les nymphes ; l'insecte parfait se tient généralement en dehors de cette matière qu'il ne produit plus. Si on inquiète les habitants de cette blanche demeure, on voit sortir avec une certaine vivacité et s'avancer le long des branches, des boules blanchâtres hérissées qui, si elles sont dérangées, se portent de côté ; en débarrassant un peu ces êtres animés, on distingue facilement des larves à forme épaisse, d'un jaune rougeâtre, à grosses antennes noires au bout, le corps aplati en bouclier supporté par six pattes à extrémité noire. Point de rudiment apparent d'élytres ; le corps est tout couvert de fils blancs longs, d'une grande ténuité ; à l'extrémité existe un appareil raboteux plus sombre de couleur d'où s'échappent des faisceaux de coton ; l'insecte marche en relevant son abdomen ; on trouve au milieu des larves, de petites gouttelettes d'un liquide gluant, qu'elles ont évidemment produit.

Voilà pour la larve ou les larves ; quant à la nymphe, elle rappelle déjà par sa forme et surtout par sa couleur verdâtre l'insecte parfait ; elle est moins enveloppée de coton que la larve, mais possède toujours ces pinceaux ou faisceaux qui terminent l'abdomen ; de chaque côté de son thorax, on aperçoit des rudiments d'élytres d'un brun rougeâtre, très-courts et s'écartant du corps. La nymphe comme la larve relève l'abdomen en marchant. Indépendamment de la transpiration abondante que le *Psylle* occasionne avec sa trompe, dit Bompar, il doit altérer jusqu'à un certain point l'organisation des grappes ; d'ailleurs comme les fleurs

(1) Lichtenstein (Manuel d'Entomologie à l'usage des agriculteurs du Midi, 1872).

sont environnées de matières visqueuses, elles se développent difficilement, l'humidité et la rosée s'arrêtent à leur entour et elles coulent d'autant plus facilement que le nombre des insectes est plus considérable.

Au moment de la floraison, les cultivateurs désirent voir régner un vent modéré qui emporte le coton produit par le *Psylle* et laisse à la fleur sa liberté.

Boyer de Fonscolombe conseille les fumigations de tabac, les lessives diverses utilisées contre les *Pucerons*, mais comme l'insecte est surtout dangereux au moment de l'apparition de la fleur, et comme la fleur de l'olivier est très-délicate et de peu de durée, il est à craindre que le remède soit pire que le mal.

On devrait, selon moi, visiter les oliviers et brûler les bouquets de fleurs ou de jeunes fruits qui présentent un commencement d'invasion, opération facile, puisque d'après les remarques que j'ai faites à Saint-Jean, les rameaux les plus rapprochés du sol sont de préférence atteints.

Lorsque la fleur est tombée, que le fruit a grossi, le *Psylle* vient produire son coton plus bas encore, à l'aisselle des jeunes feuilles, surtout sur les pousses et les greffes ; on le voit sous son enveloppe blanche, creuser des trous qui ne peuvent que nuire à la croissance de l'arbre. Une petite araignée verte, veinée de noir, fait une grande consommation de *Psylles*.

COCHENILLES

Lecanium oleae ; Aspidiotus villosus ; Mytilaspis flava; Pollinia Costae ; Philippia follicularis

On peut dire que si quelques *Cochenilles* ont pu être utilisées par l'industrie (1) elles sont généralement nuisibles à l'Agriculture en ce sens que presque chaque

(1) Signoret (Annales de la Société entomologique de France, 1868, f° 839).

arbre en nourrit plusieurs espèces, et que par leur nombre, leur fécondité effrayante et leur incessante voracité, elles épuisent les végétaux sur lesquels elles vivent.

Ainsi le citronnier a le *Coccus limonii.*

L'oranger le *Lecanium hespéridum.*

L'amandier le *Lecanium amygdali.*

Le pêcher le *Lecanium persiscae.*

La canne à sucre le *Coccus sacchari.*

Le café le *Lecanium coffeoe.*

Le caroubier le *Guerinia serratulae* et le *Leachia fuscipennis.*

Le laurier rose l' *Aspidiotus nerei.*

Le neffier, les marronniers ont aussi leurs *Cochenilles* ; les serres en sont infestées.

Quant aux *Cochenilles*, utiles, nous avons le *Coccus cacti* nommé communément *Cochenille* ; le *Lecanium ilicis* ou *kermes* et d'autres encore en Russie, en Arménie, qui sont utilisées comme teinture ; le *Coccus ceriferus* de Chine et autres qui donnent de la cire ; le *Coccus lacca* qui produit la laque ; le *Cocus axinus* du Brésil qui donne l'axin.

Dans le Midi de la France où les *Cochenilles* abondent, dit M. Signoret, plusieurs espèces d'arbres et parmi eux surtout les oliviers, citronniers, orangers et figuiers, sont d'un aspect noirâtre, désagréable à l'œil et présentent à l'examen une quantité considérable de *Coccus* et de *Lecanium* dont les appendices sécrétoires lancent d'innombrables gouttelettes de déjection qui se couvrent de *Fumagine*, ce qui porte dommage à la croissance des plantes qui en sont atteintes.

De tous les arbres, l'olivier est celui qui est le plus recherché par les *Cochenilles* de différentes familles. Les auteurs et parmi eux MM. Targioni, de Florence, et Signoret, désignent :

Le *Lecanium oleae* (Bernard-Signoret).

Puis : l'*Aspidiotus villosus* (Targioni).

Le *Mytilaspis flava* (du même).

Le *Pollinia Costae* (du même).

Le *Philippia oleae* (Costa).

Le signe caractéristique et général des *Cochenilles*, est la non existence de bec ou rostre dans le mâle et l'absence d'ailes ou élytres dans la femelle.

3. — Lecanium oleae (Bernard) (1) fig. 6.

Cette *Cochenille* nuit à l'olivier en ce sens que non-seulement elle absorbe les sucs sucrés des jeunes branches et des feuilles, mais aussi en raison de ce que par l'expansion de ces mêmes sucs ou par celle de ses excrétions, elle amène la naissance d'un *Cryptogame* qui n'est autre que la *Morfée* ou *Fumagine* dont nous parlerons plus tard.

Elle est propre à l'olivier, et y est même parfois si abondante qu'elle envahit les plantes environnantes. Le *Lecanium oleae*, dit M. Signoret, raboteux, d'un brun noirâtre, quelquefois d'un gris jaune, a la forme d'un ovale arrondi, un peu accuminé vers l'extrémité ; ses antennes sont longues et à huit articles.

La larve embrionnaire n'a que six articles aux antennes; on n'a jamais pu découvrir le mâle du *Lecanium* qui doit être svelte, à deux ailes et muni d'une queue. Au moment de la ponte, la femelle grosse alors comme une lentille, raboteuse et d'un rouge brun, se pose sur une branche, se contracte en forme bombée et donne naissance à plus de mille œufs ; il y a deux pontes par an.

Cette *Cochenille* a fait l'objet, sous la dénomination d'*Aspidiotus oleae*, d'une notice de M. Pablo Colvei, publiée à Madrid en 1880, avec figures.

Dans son travail sur les insectes nuisibles publié en

(1) *Signoret* (Annales de la Société entomologique de France, 1878, f° 441).

1859, le colonel Goureau (1) parlait déjà d'une *Cochenille* appelée par lui *Coccus oleae.*

Il est dit dans cet ouvrage que ce *Gallinsecte*, véritable fléau pour le Var, est inconnu à Aix et préoccupe peu la Provence.

Il y aurait donc accord à peu près parfait sur le rôle joué par la *Cochenille* en question ; elle envahit certains oliviers et les épuise en forçant à sortir par ses piqûres réitérées les sucs nourriciers et sucrés qui, joints aux déjections très-abondantes de l'insecte facilitent, comme nous l'avons déjà dit, la naissance de la *Morfée*.

On trouve encore sur l'olivier les autres espèces de *Cochenilles* ci-après qui sont moins préjudiciables.

4.— **Aspidiotus villosus** (Targioni) (2)

Cette espèce a été découverte par Targioni sur la page inférieure des oliviers à Florence ; il n'a décrit que la femelle, qui serait grise, couverte de poils et de matière cotonneuse : Le mâle, suivant M. Signoret, est d'un jaune rougeâtre.

5.— **Mytilaspis flava** (Targioni) (3)

On trouve cette *Cochenille* mêlée au *Pollinia Costae* avec lequel il ne faut pas la confondre ; la femelle est couverte d'une poussière grisâtre qui empêche de la distinguer facilement de l'écorce de l'arbre. Le dernier segment présente cinq plaques de filières, le bouclier du mâle est plus petit et presque jaune.

(1) *Goureau* (Annales de la Société entomologique de France, 1840).

(2) *Signoret* (Annales de la Société entomologique de France, 1869. f° 133).

(3) *Signoret* (Annales de la Société entomologique de France, 1870, f° 96).

6.— **Pollinia Costae** (Targioni) (1).

D'un jaune brun ; forme une masse ovalaire arrondie recouverte d'une pellicule épaisse produite par une sécrétion blanchâtre plus ou moins régulière, très-adhérente à l'arbre, mais dans laquelle l'insecte est libre.

Ces petites masses, dit M. Signoret, sont parfois agglomérées en un amas considérable ressemblant à une exsudation blanchâtre de la sève : cette *Cochenille* était commune à Cannes sur les pousses d'oliviers en 1870 ; absence de pattes et antennes rudimentaires ; le mâle assez long, abdomen large, tête plus large que longue, antennes de neuf articles.

7.— **Philippia follicularis** (Targioni) (2) **oleae** (Costa)

Cette espèce forme un sac blanc, très-volumineux sécrété par la femelle et déposé par elle sous les feuilles de l'olivier ; antennes de six articles dans tous les états. Le tour du corps présente une infinité de poils courts ou filières et le disque dorsal en a un grand nombre. Mâle inconnu.

On ne connaît d'autre moyen curatif que de donner de la vigueur à l'arbre, de l'isoler d'une trop constante humidité, d'écraser les *Cochenilles* et de détruire leurs nids au moyen d'injections, de lotions d'eau vinaigrée, ou de pétrole, comme on fait avec succès pour les orangers.

Nous parlerons plus longuement du *Lecanium oleae* lorsque nous traiterons de la *Morfée*.

(1) *Signoret* (Annales de la Société entomologique de France, 1870, f° 275).

(2) *Signoret* (Annales de la Société entomologique de France, 1871, f° 453).

V

LÉPIDOPTÈRES

λεπις (écaille) πτερον (aile)

Certains *Lépidoptères* ou *Papillons* peuvent aussi être rangés au nombre des ennemis de l'olivier.

On m'a communiqué et j'ai recueilli moi-même des feuilles minées et des bourgeons qui évidemment avaient été attaqués par une *Tinéide* et j'en ai obtenu un grand nombre, d'olives tombées en septembre.

Voici au sujet de ce *Microlépidoptère*, ou peut-être même de ces *Microlépidoptères*, car on a longuement discuté sur le point de savoir s'il n'y en aurait pas deux parfaitement distincts, l'analyse du rapport qu'en 1837 B. de Fonscolombe, fort expert en la matière, adressa à leur sujet à la Société entomologique de France(1). Il y a, dit l'auteur du rapport, deux *Tinéides* dont l'une s'adresse aux feuilles et l'autre au fruit.

1.—Tinea oleella (B de F.) Chenille mineuse (figure 12).

(Prays oleellus)

« Une petite chenille rase à 16 pattes d'un vert brun, à « machoire noire, avec plaque noire écailleuse sur le cou « et une autre sur les derniers anneaux du corps, sans « poils, tête jaunâtre, cause des dommages importants « dans le Var et dans le comté de Nice ; on l'aperçoit en « hiver, travaillant entre les deux épaisseurs de la feuille, « ou s'enveloppant, vers la fin de son existence en mars, « dans quelques fils de soie, entre les bourgeons et les « jeunes branches le long des pousses les plus tendres. « Cette chenille, longue de deux lignes, se transforme « vers avril, en une chrysalide oblongue d'un vert jaunâ- « tre ; on la trouve soit au milieu des fils de soie dont je « viens de parler, soit dans les gerçures des branches; le

(1) Boyer de Fonscolombe (Annales de la Société entomologique de France 1837).

« *Papillon* éclot vers la fin d'avril avec ses ailes enrou-
« lées autour de son corps, ses antennes sont filiformes,
« presque de la longueur de l'insecte, sa trompe est
« courte, sa tête écailleuse, tout le corps est d'un gris
« cendré ; les ailes allongées sont luisantes marbrées de
« nuances noirâtres, les inférieures sont cendrées et
« unies, l'abdomen est jaunâtre avec poils gris formant
« touffe vers l'anus, ses antennes et ses pattes sont gri-
« ses, ses jambes sont armées d'un éperon qui permet
« à la *Tinéide* de sauter. »

1 bis. — Tinea olivella (B. de F.)

« Une autre chenille, dit B. de Fonscolombe, se loge
« dans l'amande même de l'olive ; comme pour les
« pommiers, cerisiers, etc. etc., l'œuf qui la produit a
« dû être déposé par la femelle sur les bourgeons à
« fleurs ; lorsque le fruit se noue, elle pénètre dans le
« noyau encore tendre et s'y établit, le moment de sa
« transformation arrivant, en septembre elle perce ce
« noyau à son seul point vulnérable celui où le fruit
« s'attache au pédoncule et se laisse choir sur le sol
« où elle se transforme ; le fruit miné à son point
« d'attache tombe au moindre vent. Cette chenille est
« un peu plus grosse que celle de la *Tinea oleella* ;
« la chrysalide est jaunâtre avec les étuis des ailes
« un peu brunes ; la *Tinéide* qui en naît, est à peu
« près semblable à celle des feuilles, mais de plus
« grande taille (1). Bernard de Marseille, dans son

(1) Je ne puis m'empêcher de faire connaître de quelle manière originale Sieuve et de la Brosse expliquent la chute des olives. « Selon eux, le vent fait entrechoquer les fruits et occasionne à « leur queue une torsion qui en fait sortir une liqueur verdâtre la-« quelle en s'écoulant le long de la queue va aboutir précisément « au point où se trouve une cavité; la liqueur qui y séjourne devient « si corrosive, qu'elle pénètre jusqu'au noyau de l'olive, le perce et « attaque l'amande qui est bientôt corrodée et noircie, le fruit ne « pouvant plus recevoir par son pédoncule le suc nourrissier est « obligé de céder et de tomber. »

La liqueur corrosive de Sieuve est une chenille assez visible cependant.

« mémoire de 1782 ne croyait qu'à une seule espèce « qui vivrait dans le noyau pour une première géné- « ration et dans les feuilles, pour une seconde. »

B. de Fonscolombe combat cette opinion en s'appuyant sur la différence caractéristique des deux chenilles, et sur l'impossibilité d'admettre qu'une même espèce se nourrisse en même temps de la substance farineuse et grasse de l'amande du noyau et du tissu cellulaire d'une feuille aussi peu charnue que celle de l'olivier.

Cette distinction en deux espèces avait même été admise par divers auteurs et Bompar avait cherché en 1848 à démontrer que la chenille de l'amande ne devait pas être celle de la feuille.

Mais la discussion ne devait pas en rester [là et Bernard qui tout en étant ingénieur de la marine était aussi un agriculteur intelligent, un chercheur sérieux, devait finir par avoir raison.

En effet, Duponchel, Millière, Stainton, qui dans ces derniers temps se sont beaucoup occupés de *Microlépidoptères*, ont fini par admettre, malgré toutes les raisons de croire le contraire, qu'il n'existe qu'une seule et même espèce qui a reçu le nom de *Prays oleellus* ; Stainton, Lépidoptériste anglais (1), a surtout élucidé la question d'une manière satisfaisante et démontré que les deux prétendues espèces n'en forment réellement qu'une seule, dont il a donné une figure très exacte.

Au reste, B. de Fonscolombe lui-même aurait reconnu le fait et convenu de son erreur 14 ans après l'avoir commise, dans le bulletin des annales de la Société entomologique de France de 1851, f. XVII.

Dans ces derniers temps D. Jose de Hidalgo Tablada a parlé longuement de la *Chenille mineuse*, dans son ouvrage publié à Madrid en 1870 et intitulé *Tractado del cultivo del olivo*.

En ce qui me concerne je puis certifier que de mes

(1) Stainton de Londres, (Vol. XI, page 22, figure 2).

élevages de chenilles provenant soit des noyaux d'olives tombées en septembre, soit des feuilles et des jeunes pousses d'oliviers en mars et avril, j'ai obtenu la même *Tinéide* gris de fer, aux ailes enroulées. Je puis certifier aussi que parmi les très nombreuses chenilles, qui sous mes yeux sont sorties des noyaux, les plus grosses, les plus colorées en lie de vin se sont immédiatement transformées, mais que les plus jeunes n'ont pas hésité à se nourrir des jeunes feuilles d'olivier que je leur ai présentées.

Il n'y a donc qu'une seule et même espèce de chenille mineuse, ayant annuellement deux générations dans des milieux différents, observation qui est des plus intéressantes. La chenille est verdâtre, marbrée de lie de vin sur le dos ; la chrysalide est ou verte ou d'un jaune brun ; le Papillon qui éclot en septembre est gris de fer, aux ailes frangées, les supérieures marbrées de noir, les inférieures unies.

Arrivant au moyen de combattre l'ennemi, B. de Fonscolombe fait remarquer avec juste raison qu'en Provence où les arbres sont petits, on peut en mars, rechercher et brûler les feuilles tarées faciles à reconnaître à leurs taches irrégulières d'un brun tirant sur le jaune et le noirâtre qui abritent la chenille ; mais que ce mode d'opérer serait d'un emploi presque impossible dans le Var et surtout dans les Alpes-Maritimes où les arbres atteignent de si grandes dimensions. Un bon conseil que je me permettrai de donner aux oléiculteurs, c'est d'allumer dans les champs d'oliviers en mars, août, septembre et octobre à la nuit, des feux où viendront se brûler de nombreuses *Tinéides*, et de tendre pendant la nuit à ces époques, des cordes enduites de miel ; mais le meilleur moyen, c'est de remuer fréquemment la terre sous les arbres, principalement à leur pied, et de ne pas laisser sur le sol les olives tombées en septembre ; ces olives, sauf de rares exceptions, ont été détachées par l'effet de la *chenille mineuse* qui a rongé la base du pédoncule et qui se dispose à se transformer en terre ; il faut ramasser ces olives avant qu'elles ne se soient desséchées, et comme elles ne contiennent pas encore assez d'huile pour qu'on puisse les utiliser avantageusement, on devra les brûler ou les noyer immédiatement ; on peut s'assurer du danger en conservant dans un sac quelques poignées de ces olives tombées et piquées au pédoncule; après une nuit de repos on sera à même de constater que des chenilles en grand nombre sont sorties et travaillent, à s'enfermer contre les parois du sac, dans un léger cocon transparent qui doit abriter leur chrysalide.

M. P. Millière, Lépidoptériste des plus savants, a fait une étude toute spéciale des chenilles et papillons du département des Alpes-Maritimes, et plus particulièrement des environs de Cannes où il possède une charmante villa (villa des *Phalènes*).

Dans son merveilleux ouvrage en trois volumes, intitulé : *Iconographie des Lépidoptères*, ouvrage qui contient plus de deux cents planches gravées, admirablement dessinées et peintes par lui-même, il donne la description et les figures de quatre espèces de *Lépidoptères* dont la chenille vit aux dépens des oliviers.

Je ne puis trop remercier M. Millière d'avoir bien voulu m'autoriser à relever dans son travail la figure du *Margarodes unionalis* et celle de sa chenille et à prendre en même temps des extraits des descriptions. Les quatre papillons en question sont nocturnes et leurs chenilles se retirent dans les gerçures de l'arbre ; on peut donc les combattre en visitant et faisant disparaître ces gerçures et en allumant des feux sous les arbres au moment des éclosions, en juin et en octobre ; l'emploi des cordes miellées tendues la nuit sous les arbres et visitées au jour est aussi indiqué.

2. — Margarodes unionalis (Hb.) (1) fig. 10 et 11

Cette *Pyralite* dépose à l'aisselle des rameaux de l'olivier des œufs blanchâtres qui éclosent quinze ou vingt jours après.

La jeune chenille d'un vert blanchâtre attaque à la nuit la surface inférieure de la feuille ; pendant le jour elle se retire entre les jeunes feuilles qu'elle a unies au moyen de fils. Le *Margarodes* met cinq à six semaines à croître, il s'introduit ensuite dans les gerçures des arbres où s'accomplissent ses transformations.

Le papillon qui a plusieurs éclosions, mesure 0.0025 à 0.0027, ses antennes sont blanches, ses ailes sont larges, soyeuses, à moitié diaphanes, sans lignes, d'un blanc pur et irisé chez les individus frais, les supérieures ont les côtés d'un fauve brunâtre ; thorax et abdomen blancs, la femelle est plus grande que le mâle.

C'est l'unique représentant que nous ayons en Europe, dit M. Millière, de ce remarquable et nombreux genre. *L'unionalis* est fort abondant dans la Provence, à Cannes surtout; la chenille s'adresse à plusieurs arbres mais plus particulièrement à l'olivier et au jasmin.

3. — Zelleria oleastrella (Millière) (2)

Cette *Tinéide* diffère sensiblement des espèces désignées par B. de Fonscolombe; chenille fusiforme d'un vert plus ou moins obscur avec des lignes longitudinales ; tête d'un jaune testacé. Elle vit sur l'*Olea Europoea*, mais principalement sur l'arbre non greffé; elle attaque les feuilles nouvelles sur lesquelles elle se

(1) Millière (Iconographie et description de chenilles et de *Lépidoptères* inédits, 3 vol. avec planches. 1859, 1864 et 1869).

(2) Millière (Iconographie, vol. 2, p[1] 55, f° 115 du catalogue).

tient et dont elle mange le revers ; après la troisième mue, elle se réfugie dans une galerie filée entre les gerçures de l'arbre et n'en sort que la nuit pour manger ; sa vivacité est remarquable. La chrysalide est d'un brun rougeâtre, l'éclosion a lieu quinze jours après la métamorphose : Dimensions 0,0021 à 0.0022. Papillon, ailes supérieures longues, étroites, rectangulaires à aspect terreux, ainsi que l'abdomen et le thorax, ailes inférieures allongées d'un gris foncé, luisantes garnies de longues franges soyeuses et concolores ; dessous d'un gris ardoisé luisant ; antennes filiformes brunes aussi longues que le corps ; tête blanchâtre, yeux gros et noirs ; se prend la nuit mais pas communément.

4. — **Boarmia umbraria** (MILLIÈRE) (1)

Chenille cylindrique, d'un gris brun, un peu vineux; peut être confondue avec la *rhomboidaria ;* on la recueille en abondance dans les draps lorsqu'on bat les oliviers en février et mars. Insecte parfait très-remarquable ; le mâle et la femelle ne diffèrent que par la taille ; chez les femelles les antennes sont très-pectinées ; deux éclosions en juin et septembre ; chenille commune, papillon rare ; on le prend cependant la nuit au feu. Cette superbe *Boarmide* ne doit pas causer de graves dommages aux oliviers, dit M. Millière, car elle grossit lentement et n'attaque que les feuilles anciennes des grands arbres.

5. — **Metrocampa honoraria** (LATR.) (2)

La chenille de cette *Phalène* présente sur chaque segment du milieu une sorte d'anneau concolore paraissant en saillie, d'un gris blanchâtre, cendré, variant parfois en roussâtre ou violet ; douze pattes concolores, onze

(1) Millière (Iconographie, vol. 3, pl 130, fo 151 du catalogue).
(2) Millière (Iconographie, vol. 3, pl 124, fo 143 du catalogue).

segments; fréquente les oliviers sur lesquels elle passe l'hiver, appliquée le long des branches ; elle tombe dans les draps lors de la cueillette des olives. Chrysalide d'un rouge brun ; éclosion en mai et octobre. Grande fécondité ; femelle plus grande que le mâle. Le papillon d'un carné rougeâtre vient au feu ; c'est une de nos plus grandes *Phalènes* d'Europe ; on la prend aussi sur les chênes.

On a donné aussi à l'olivier pour ennemis deux papillons de nuit l'*Acherontia atropos* et le *Sphinx ligustri*, mais si les chenilles de ces deux *Lépidoptères* ont été rencontrées sur l'olivier, il n'est pas démontré qu'on puisse légitimement les accuser de lui être réellement nuisibles.

M. Millière partage cet avis.

6. — Acherontia atropos

La chenille, qui a deux éclosions l'une en avril, l'autre en septembre, vit sur le *Lycium barbarum* et *Europoeum*, le *Datura stramonium*, le *Ligustrum vulgare* et le *Jasminium fructicans* ; on l'aurait même trouvée sur le *Quercus robur*.

7. — Sphinx ligustri

La chenille vit de juillet à septembre sur le troëne, le lilas, le laurier rose, etc. Si elle vit sur le troëne et sur le lilas, elle pourrait à la rigueur vivre aussi sur l'olivier qui est de la même famille botanique.

Du reste, les chenilles de ces deux papillons sont trop grosses pour qu'elles puissent facilement passer inaperçues, d'autant moins qu'elles doivent se tenir de préférence sur les rejets et les pousses basses, c'est-à-dire à la portée de l'œil et de la main.

VI

DIPTÈRES

δὶς (deux fois) πτέρον (aile)

1. — Dacus oleae (Latr.) du grec δὴζ (ver qui ronge)

Le principal ennemi de l'olivier, celui qui préoccupe le plus vivement dans ce moment-ci l'opinion publique, c'est la mouche appelée *Dacus oleae* scientifiquement, et de temps immémorial *Queïron*, *Keïroun* ou *Keïron*, par les cultivateurs.

Le *Dacus oleae* est un insecte de la famille des *Diptères* qui est caractérisée par l'existence de deux ailes ayant derrière elles deux autres ailes mobiles rudimentaires et impropres au vol qui ont reçu le nom de balanciers (1).

Les *Diptères* ont pour bouche un suçoir composé de plusieurs pièces écailleuses, renfermé dans une espèce de trompe.

Meigen, Macquart, Blanchard, de Castelnau et Brulé s'en sont occupés avec intérêt.

Nous utiliserons les travaux de ces savants auteurs et les compléterons par ceux de Risso, Roubaudi, Boyer de Fonscolombe, Bernard, Bompar, Cauvin, etc. etc., pour arriver à une détermination aussi exacte que possible de ce *Diptère*.

Blanchard a formé dans les *Diptères* deux coupes générales ; les *Méniocères* comprenant les *Culex* ou *Cousins* et les *Tipules* ; les *Brachocères* comprenant

(1) Isnard de Grasse (1772) a eu tort d'appeler cet insecte *Mouche à scie* : 1° parce qu'elle n'a point de scie, 2° parce que les mouches à scie ont quatre ailes, tandis que le *Dacus oleae* n'en a que deux. (Observation de Bernard Draguignan 1843). Il s'est trompé également lorsqu'il a dit que cette *Mouche à scie* dépose aussi son œuf dans le noyau encore tendre ; il a appliqué au *Dacus* les méfaits du *Prays oloellus*, *Microlépidoptère* dont nous avons parlé.

les *Musciens* de la famille des *Athéricères* parmi lesquels les *Téphrites*, se subdivisant eux-mêmes en *Dacus* et en *Tephritis*.

Les caractères généraux des *Dacus* de Meigen et Macquart, *Oscinis* de Fabricius, *Tephritis* de Latreille sont les suivants :

Palpes élargies, antennes atteignant l'épistôme, avec le 3e article, trois fois aussi long que le précédent, style nu, abdomen ovalaire.

Le type du genre est le *Dacus oleae* dont je donne ci-après la description :

Longueur deux lignes (0,005 mil.)

Corps d'un gris jaunâtre avec la tête plus pâle ayant un point noir de chaque côté de la face ; yeux gris bleu, front fauve, antennes fauves à palette grande, ovale, allongée et brune, munies d'une soie simple; thorax d'un gris cendré, pointillé et un peu pubescent, avec raies longitudinales noires; côtés antérieurement fauves, postérieurement noirs; écusson large et blanchâtre; abdomen ovale noirâtre, pointillé, pubescent avec une bande longitudinale jaune sur son milieu qui se dilate vers l'anus et forme une bande tranverse qui occupe presque tout le pénultième segment; il est terminé en pointe chez les femelles avec la tarière ou ovidacte saillant, son extrémité dans les mâles est obtuse; ailes toujours en mouvement transparentes, avec nervures jaunes vers la côte extérieure, leur sommet marqué d'une petite tache obscure; jambes et pieds jaunes, avec l'extrémité des postérieures légèrement brune.

Larve apode de 5 *à* 6 *millimètres et ressemblant à un ver ; tête peu distincte pointue, rétractile, avec mandibules noires d'un tiers plus longue que la pupe ou chrysalide, d'un blanc jaunâtre; anneaux du corps un peu saillants.*

La chrysalide en forme de barillet très régulier de 0,004 *millimètres n'est que la peau de la larve durcie, raccourcie et régularisée dans sa forme; elle est d'un ovale parfait et jaunâtre avec la ligne des anneaux d'une couleur plus foncée.*

En 1826, Risso, professeur à Nice, dans le 2e vol. de son histoire naturelle f. 1 à 48, citait le *Tephritis oleae ou Keïron*, comme très dangereux pour l'olivier. Selon lui, il apparaît par myriades vers la fin de l'été et dépose de 2 à 3 œufs dans chaque olive, les larves qui en naissent dévorent le suc huileux. (1)

Laissons maintenant parler Boyer de Fonscolombe. (2)

« L'olive, elle-même, dit ce savant entomologiste, vers « l'époque de sa maturité est sujette à être attaquée par « la larve d'un *Diptère* de la famille des *Muscides* « (Latr.), c'est peut-être de tous les ennemis de cet arbre « précieux celui qui est le plus dommageable ; il se loge « dans la pulpe même du fruit ; une seule olive contient « quelquefois deux ou trois larves et plus ; elles en sor- « tent souvent avant même la maturité de l'olive, et pa- « raissent sous la forme de mouches pour se reproduire « dans la même saison par une nouvelle ponte ; mais « c'est principalement à l'époque de la récolte qu'elles « quittent les olives, surtout lorsque celles-ci sont en- « tassées dans les greniers ; elles se changent en chrysa- « lides dans la poussière et la crasse, et au bout de « quelques jours l'insecte ailé en sort développé par la « chaleur assez forte qui y règne, mais reste assez « languissant les premiers moments autour de ces tas.

« La saison n'est pas favorable pour s'envoler dans « la campagne, il attend dans cette espèce d'inertie le « retour de quelques beaux jours.

« Il me semble donc important, continue Boyer de « Fonscolombe, pour combattre le mal dans sa nais- « sance, de détruire avec une grande attention les chry- « salides et les mouches, de jeter au feu les balayures « des greniers dès qu'on a enlevé les olives et même

(1) Risso (Histoire naturelle des productions méridionales 1826).

(2) Boyer de Fonscolombe (Annales de la Société entomologique de France, 1840 f. 101).

« avant, pour ne pas laisser aux mouches le temps de « prendre leur essor et d'aller déposer leurs œufs sur « les arbres.

« Quelques belles journées d'un hiver doux suffi- « raient pour les appeler au dehors et leur fuite « serait encore plus infaillible si l'on se contentait de « jeter les ordures des greniers parmi les tas de fu- « miers placés dans les cours des fermes. Il paraît que « le plus ou moins de chaleur est décisif pour ces insec- « tes. En effet, tandis que je trouvais, dit toujours de « Fonscolombe, dans les tas d'olives quelques jours « après la récolte, à la fois, des larves, des nymphes et « des insectes parfaits, les nymphes conservées chez moi « dans des vases de verre et tirées hors de la chaleur de « ces tas n'ont produit la mouche qu'au printemps. Cet « insecte dit l'auteur du mémoire, ne diminue pas la « quantité de la récolte, mais il gâte la qualité parce « que l'olive et l'huile qu'elle contient sont infectées par « la chair de la larve que le moulin détrite avec elle, et « par les excréments qu'elle y a laissés ; cependant « l'huile recueillie en 1817, s'est trouvée d'excellente « qualité quoique le nombre des olives attaquées fut très « considérable. Au contraire en 1834, on peut dire que « la récolte a été à peu près perdue, et le peu d'huile re- « cueillie n'était que de la boue. Ces variations peuvent « venir des différences de température qui favorisent et « hâtent plus ou moins la naissance des mouches avant « même la récolte.

« Je sens bien, ajoute l'auteur, que les précautions in- « diquées ci-dessus quoique fondées sur les mœurs et « sur les habitudes de cet insecte, paraîtront peut-être « difficiles ou insuffisantes dans les pays où la fabrica- « tion de l'huile dure tout l'hiver à cause de la grande « quantité d'olives, tels que le Comté de Nice et beau- « coup de communes du Var ; il faudra alors les réitérer « plus souvent surtout avant comme après le moment « le plus rigoureux de l'hiver, lorsqu'une température « plus douce pourrait attirer les mouches au dehors.

« Je propose donc pour détruire les vers et les mou-
« ches, s'il est possible, de tenir fermé le local où sont
« entassées les olives, d'y mettre des *Rouges-gorge*, des
« *Bergeronnettes*, des *Mésanges* ; ces oiseaux qui re-
« cherchent volontiers nos domiciles pendant l'hiver,
« qui se familiarisent volontiers avec l'homme, se nour-
« rissent d'insectes et feront la chasse au *Dacus*
« *oleae*.

« Ce procédé est connu et pratiqué dans d'autres con-
« trées pour détruire le *Charançon* du blé ; on peut, il
« me semble, l'appliquer dans ce cas-ci ; il suffira, en
« même temps, de tenir dans le local, des vases rem-
« plis d'eau.

« Il a été proposé d'autres moyens, dit en terminant
« Boyer de Fonscolombe, mais en tenant compte de ce
« qui précède le meilleur et le plus sûr, peut-être, de
« tous les préservatifs, est une bonne culture, un grand
« soin des oliviers et l'attention de ne pas les épuiser en
« semant autour d'eux des graines céréales. Il est re-
« connu que les insectes s'attaquent, de préférence aux
« arbres les plus rabougris, à ceux qui ont souffert de
« l'action des fortes gelées ; il semble que la sève vi-
« goureuse des arbres sains ne leur convient pas et
« leur est même nuisible ».

Ces conseils d'un homme distingué entre tous pour ses connaissances entomologiques sont excellents ; ils sont peut-être susceptibles de critiques, on peut les trouver d'une application, sinon impossible du moins difficile ; mais il est triste de penser que la question du *Dacus oleae*, qui a été si bien élucidée à la fin du siècle dernier par Bernard et Amouroux, qui a donné lieu à des études sérieuses en 1840, c'est-à-dire, il y a déjà plus de quarante ans, n'ait pas produit les résultats qu'on était en droit d'attendre et qu'en 1881, nos récoltes en olives soient plus que jamais gravement compromises par la faute de ceux qui sont directement intéressés à leur prospérité.

En 1840, Cauvin, médecin en chef de l'hôpital de

Nice (1), publia sur le *Dacus oleae* ou *Keïron* auquel il a conservé le nom de *Téphrite*, un travail très consciencieux qu'il compléta en 1842.

La mouche, dit-il, qui n'a pas encore donné signe d'existence commence ses dévastations à la fin de juillet choisissant les fruits auxquels elle confiera ses œufs, épargnant l'*Oliva conditiva* ou *Poncinère* dont l'enveloppe offre de la résistance à sa tarière.

La larve apode a onze anneaux, sans yeux, munie de deux crochets (mandibules) auxiliaires de la bouche, pénètre jusqu'au noyau, et revient ensuite sur elle-même se rapprochant de son point de sortie; cette larve vivrait quinze jours, se transformerait en chrysalide, et ne tarderait pas à devenir insecte parfait.

Si l'olive attaquée tombe ou est cueillie, la larve quitte son berceau qui n'est plus alimenté par la sève de l'arbre et cherche à se transformer au dehors.

Dans son second mémoire, Cauvin rend compte de onze expériences desquelles il résulte, selon lui, que la mouche de l'olivier cesserait de pondre dès novembre, et que les insectes éclos en mars proviendraient d'œufs déposés en automne ; qu'il faut un froid de huit degrés Réaumur pour tuer la larve, et de douze degrés pour faire périr l'œuf ; qu'on peut conserver des mouches neuf à dix mois sous cloche en leur donnant un liquide sucré, ou mieux encore des raisins frais ou secs écrasés ; que la larve ne peut vivre qu'en se nourrissant de la pulpe de l'olive ; que des larves adultes transportées d'un fruit à l'autre, meurent à moins d'être sur le point de se transformer ; que la larve, et même sa chrysalide, plongées dans l'eau ou dans le vide ne tardent pas à périr ; que la femelle pond jusqu'à dix œufs en un jour, et peut recommencer plusieurs jours de suite ; enfin, que le moyen de s'assurer du moment précis où la récolte du fruit doit commencer, c'est de ramasser

(1) Cauvin (Observations sur le *Téphrite* ; Nice 1840 et 1842).

un sac d'olives, en avril (1), de le mettre en tas, de le surveiller, d'en faire autant huit jours après, et de commencer la récolte dès qu'on s'aperçoit que les larves sortent pour se transformer ; en agissant ainsi plusieurs années de suite, dans toute l'étendue d'une vallée on parviendra infailliblement à détruire l'insecte, dit l'auteur du travail.

Cette conclusion est un peu trop affirmative, mais les deux mémoires de Cauvin sont faits avec tant de soins, ils sont accompagnés de tant de preuves, qu'on doit leur accorder confiance et les utiliser.

Cauvin termine sa deuxième brochure en exposant et réfutant les opinions de ceux qui l'ont précédé.

Aussi, Sieuve de Marseille, et après lui Amouroux de la même ville, auraient admis à tort que la mouche dépose ses œufs sous les écorces des arbres.

Il faut absolument que ces auteurs n'aient pas connu la larve, car s'ils avaient été amenés à l'examiner, ils auraient remarqué qu'étant apode et très-molle, il lui est impossible de quitter son berceau pour aller attaquer les olives ; ce qui a pu les tromper, c'est que souvent dans les olives débarrassées de la larve on trouve deux trous qui ont été considérés comme un trou d'entrée et un trou de sortie, lorsqu'ils indiquent simplement que le fruit était occupé par deux larves.

Les erreurs de Sieuve sont par trop nombreuses ; il ne parle pas de la chenille mineuse, mais il cite un ver à trompe, laid, maigre, allongé, blanchâtre ; ce ver se sert de deux pinces pour faire brêche à l'olive, la fourmi le recherche, déchire l'olive, met l'alarme dans l'intérieur du fruit, force le ver à sortir et le dévore en société.

Le ver séjournerait trois mois dans l'écorce, la chrysalide dormirait pendant un mois, la mouche éclorait le 15 décembre ; elle se nourrirait de la gomme de

(1) C'est bien tardivement commencer l'expérience. En avril, il ne devrait plus y avoir une olive sur les arbres.

l'olivier. (Sur ce point seul, je partagerais à peu près l'avis de Sieuve).

La femelle pondrait dans les gerçures de l'arbre ; les larves (apodes) écloses en mai, attendraient sous les feuilles le moment propice pour attaquer l'olive, en juillet. On se demande où Sieuve a pu trouver de pareilles indications ?

Bernard, le lauréat de 1782, ne connaît d'autre remède que la Providence.

Penchienati, conseillait de récolter en novembre ou en décembre, ce qui constitue, il faut l'avouer, une précaution peut-être exagérée, mais justifiée cependant.

Risso seul avait donné le véritable remède : récolte hâtive, soins à donner aux dépôts d'olives et incinération des balayures.

En 1843, l'ingénieur Bernard (1) donne des indications très justes sur l'histoire naturelle du *Dacus* dont il ne connaît pas le nom scientifique, mais qu'il désigne très-exactement. Cette mouche qui débute en août, dit-il, n'est véritablement commune qu'à la fin de septembre et en octobre. Il admet plusieurs générations.

En même temps que Bernard, Louis Roubaudi (2), habitant de Nice, décrit très-exactement f° 235, le *Keïron* ou *Musca oleae*; selon lui il y a 3 ou 4 générations par an, d'août, époque où l'huile arrive, à décembre ; il faut quinze jours à la chrysalide pour devenir mouche ; au dessous de 10° l'insecte s'arrête et attend jusqu'au printemps : le *Keïron* attaque d'abord les arbres hâtifs ayant peu de fruit; le *Pignole* de Villefranche, Monaco, La Turbie en serait exempt. Dans l'accouplement qui dure une heure, la femelle irait chercher la fécondation de ses œufs avec sa tarière dans le corps du mâle ; le moment de la grande multiplication est septembre. Il suffit que quelques olives restent sur l'arbre au printemps

(1) Ingénieur Bernard (Traité de la culture de l'olivier; Draguignan 1843).

(2) Louis Roubaudi (Environs de Nice ; Paris-Turin 1843).

pour qu'il y ait invasion. Si à la fin de mars il n'existe pas une olive sur les arbres il n'y aura pas de *Keïron*.

Il reste donc démontré que certains naturalistes, qui à la fin du siècle dernier se sont occupés du *Dacus*, ont fait fausse route sur la question si importante cependant de la ponte.

Dans un mémoire fort intéressant sur les insectes qui attaquent les oliviers, publié en 1845, Guérin-Menneville (1) discute l'opinion émise par Laure en 1834, et admise depuis par d'autres auteurs, que le *Dacus* n'attaque l'olive qu'en automne, et qu'il y a eu une première éclosion sur une autre plante ; cette fausse appréciation proviendrait de ce que Laure ayant communiqué à Boyer de Fonscolombe une mouche provenant de larves recueillies sur des céréales, sans lui dire où il l'avait trouvée, Boyer de Fonscolombe sachant que son collègue s'occupait de l'étude des insectes nuisibles aux oliviers, lui renvoya la mouche en lui disant qu'elle lui semblait être celle de l'olivier ; on comprendra que de simples agriculteurs comme Laure et Blaud, durent accepter comme article de foi et transformer en certitude cette simple supposition d'un maître de la science, appelé à donner à distance, une consultation sans en avoir sous les yeux le principal élément.

Cette erreur pouvait s'expliquer aussi par ce fait que le *Dacus* a été précédemment un *Tephritis* et que Fabricius en avait fait un *Oscinis*, or, l'*Oscinis lineata* de Fabricius vivrait à l'état de larve aux dépens du seigle, et suivant Linnée la mouche *Frit* qui est maintenant placée dans les *Oscines* est accusée d'avoir détruit en Suède le dixième du produit de l'orge, dommage estimé annuellement à plus de cent mille ducats d'or.

Guérin-Menneville conseille de récolter hâtivement les olives et de les détriter le plus tôt possible dans les années

(1) Guérin-Menneville (Insectes qui attaquent l'olivier ; Société entomologique de France, 1845, 1847).

où le fruit est envahi par le *Dacus*, en agissant ainsi, dit-il, on obtient encore presque une demi-récolte d'huile, tandis qu'en attendant l'époque ordinaire de la cueillette on laisse aux larves le temps de ronger tout le parenchyme, ce qui enlève à l'olive le peu d'huile qu'elle aurait donné si l'on avait moins attendu pour la détriter.

Enfin en 1878, le docteur Maurice Girard dans son catalogue des animaux utiles et nuisibles (1), partage l'avis de Guérin-Ménneville relativement à la cueillette hâtive, et il ajoute qu'il y aurait trois générations de mouches par an ; le fruit piqué mûrirait plus vite que celui qui n'a pas été atteint et les pupes se formeraient ou dans l'olive, ou dans le sol.

Maintenant que j'ai analysé fidèlement les différents travaux qui ont été publiés au sujet des ennemis plus ou moins dangereux de l'olivier et de son fruit, depuis un siècle ; maintenant que j'ai démontré que les insectes destructeurs de nos récoltes en huile, ont été étudiés dans toutes les phases de leur existence, et qu'il a été donné depuis de longues années, d'excellents conseils dont les agriculteurs n'ont malheureusement pas tenu compte, je me permettrai de formuler mon opinion.

Je ne le fais qu'après avoir puisé de nombreux documents aussi précis que possible auprès des propriétaires d'oliviers de divers cantons, de divers départements même, et après m'être livré à des expériences consciencieuses, à des élevages réitérés de larves. Selon moi, et je me base sur ce qui se passe pour d'autres insectes, pour le *Frelon (Vespa crabro)* par exemple, la première invasion du *Dacus* peut provenir de mouches des deux sexes et surtout de femelles fécondées peut-être à la fin de la saison, qui, pendant l'hiver, se sont réfugiées sous les écorces ou dans le creux des arbres, ce qui me fait regretter que les agriculteurs modernes aient complètement abandonné l'habitude salutaire

(1) Maurice Girard. (Catalogue des animaux utiles et nuisibles, Paris, 1878, 2e vol. fo 205.)

qu'avaient les Grecs de râcler avec soin, à l'approche de l'hiver, l'écorce de leurs oliviers. En opérant ainsi, ils enlevaient leur refuge aux ennemis de toute espèce.

Cette opinion est confirmée par un fait probant qui me vient de l'arrondissement de Grasse : M. R. me disait dernièrement, qu'ayant eu à arracher un olivier, en plein hiver, il avait trouvé dans son tronc, creusé par le temps et les pluies, des *Dacus* à l'état d'insectes parfaits et en grande quantité. J'accepte moins volontiers, l'idée émise par M. Crespin du Gard que des pupes formées en dehors du fruit se sont conservées dans des abris, jusqu'à la saison suivante ; cette supposition serait en contradiction avec les expériences qui démontrent que ces pupes redoutent la trop grande humidité, la trop grande sécheresse et les trop grands froids, tandis que l'insecte parfait est beaucoup moins sensible à ces causes défavorables que sa mobilité lui permet, du reste, d'éviter.

Mais je ne puis admettre une génération unique lorsque tout démontre qu'il y en a au moins trois ; je me refuse enfin à accepter que l'œuf de la mouche soit déposé sous les écorces de l'arbre, et que la larve sans pattes et molle qui en est sortie, puisse cheminer jusqu'au fruit dans lequel elle pénètre ; cette hypothèse est d'autant moins admissible que tout le monde sait que l'olive pend à l'extrémité d'un long pedoncule. (1)

Je pense aussi que le *Dacus* n'est véritablement dangereux qu'à partir du mois d'août ; c'est donc à ce moment qu'il faut l'attaquer, le combattre. Plus cette attaque sera intelligente, combinée, générale, plus on aura mis en pratique les conseils donnés, plus on aura

(1) Si je repousse certaines assertions, je suis disposé à accepter, sans porter préjudice à mes suppositions, celle ci-après. Il se peut que dans les pays où la récolte se fait avant les froids, en novembre par exemple, l'invasion du *Dacus* l'année suivante, provienne d'olives piquées échappées à la cueillette, dans lesquelles la larve a sommeillé pendant les froids pour se transformer en mouche lorsque les beaux jours sont arrivés.

assuré la récolte de l'année suivante. Il est évident que Bernard de Marseille était dans le vrai lorsqu'il disait qu'il faut tout attendre du temps et de l'étude, mais cela ne suffit pas,il faut encore aider la nature et l'aider beaucoup.

Nous avons dit que l'olivier commence à bourgeonner en mai ; du 20 au 30 juin paraît la fleur. S'il faut deux mois pour que le fruit se noue, se remplisse d'huile et soit propre au développement de la larve, ce ne serait qu'à la fin de juillet ou en août que la femelle du *Dacus* commencerait à piquer le fruit nouveau avec sa tarière et à y déposer ses œufs.

Pendant les mois d'août, septembre, octobre et novembre même, que faire pour combattre le *Dacus ?* Chercher à détruire l'insecte sur l'arbre, il n'y faut songer que comme moyen secondaire ; récolter trop hâtivement les olives ne serait pas un meilleur mode d'opérer ; on obtiendrait peu d'huile et la qualité serait peut-être inférieure. Mais il serait utile tout au moins, comme premier moyen préservatif, de faire usage des liquides de M. Bertrand suspendus au milieu des arbres, ou de tout autre liquide sucré, visqueux et aromatisé ; des ficelles miellées tendues entre les branches, et de ne pas laisser sur le sol les olives tombées qui peuvent être des olives atteintes par la larve; il faut éviter, en effet, que cette larve quitte le fruit pour se transformer en terre.

Dans les années d'invasion de l'insecte, dès qu'on verra les olives changer sérieusement de couleur, que la matière huileuse les aura suffisamment gonflées, il faut les cueillir toutes, sans exception, surtout si le froid tarde à arriver ; car il est à remarquer que les automnes chauds sont très-nuisibles à la récolte. Donc, si à la fin de novembre, le froid ne se montre pas, cueillez à force et portez au moulin.

Si, au contraire, le froid se manifeste de bonne heure, attendez. Le froid, une gelée légère même, ne font périr ni la larve, ni la chrysalide, car des expériences ont démontré qu'elles peuvent supporter une température plus basse que celle que nous avons d'habitude ; mais ils arrêtent le développement du mal et diminuent par conséquent l'intensité du dommage.

Dès que le froid cède, si on n'a pas récolté en novembre, récoltez en mars ; il faut absolument qu'à la fin de mars, il n'y ait plus une olive sur les arbres, pas une non plus sur le sol ; car celles qui resteraient suffiraient pour former la souche des destructeurs de l'année suivante.

On a la fâcheuse habitude de mettre les olives en réserve dans des chambres ou greniers, afin, dit-on, d'améliorer la quantité et même la qualité ; je crois plutôt que le but de cette mise en dépôt est, ou d'avoir une assez grande quantité de fruits pour faire une pressée complète, ou de payer une main-d'œuvre moins importante.

J'admets le motif, jusqu'à un certain point, car tout le monde n'a pas son moulin, ce qui force à s'adresser à un établissement public dont l'outillage n'est pas toujours disponible. Mais abrégez la durée de ce dépôt et surtout surveillez-le avec les soins qu'il mérite ; remuez fréquemment les tas, disposés aussi peu épais que possible, afin d'éviter la fermentation et la moisissure, afin aussi d'aider les larves à quitter le fruit ; ayez le soin de balayer plutôt deux fois par jour qu'une, le sol de la pièce de dépôt, et gardez-vous bien, comme cela se fait journellement, de jeter les larves et chrysalides aux volailles qui en laissent échapper une partie, et encore moins de les confier au fumier, à la douce chaleur duquel elles emprunteront des moyens tout particuliers de développement.

Brûlez sans hésitation les balayures ou jetez-les dans un bassin plein d'eau, car il est démontré qu'une immersion de quelques heures dans l'eau détruit larves et chrysalides ; brûlez aussi des branches de genévrier dans la chambre de dépôt. Si vous voulez enfin, suivez le conseil de B. de Fonscolombe, un bon conseil qui, comme les autres, date de quarante années, tenez vos pièces de dépôt closes, et mettez-y, avec un peu d'eau, des oiseaux insectivores, (Rouges-gorges, Bergeronnettes, etc.)

Il est un fait incontestable, c'est que la larve du *Keïron* tend à sortir du fruit détaché de l'arbre dès qu'elle s'aperçoit qu'il ne reçoit plus de nourriture par le pédoncule et dès qu'elle est gênée, soit par la pourriture ou la moisissure qui envahissent l'olive, soit par le dessèchement de la peau qui tend à se rapprocher du noyau.

Ainsi : récolte hâtive, soins à donner au fruit tombé, au fruit ramassé pour être détrité, voilà tout le mystère.

M. le comte Blancardi de Sospel, dont l'esprit est sans cesse tendu vers les améliorations agricoles, a dit à ses voisins :

« Votre récolte d'olives est atteinte par le *Keïron*,
« vos fruits tombent, et comme vous les savez malades
« vous les laissez sur le sol. Ne craignez-vous pas qu'en
« agissant ainsi vous n'éternisiez l'infection ? ramas-
« sez donc au contraire, laissez reposer le fruit afin
« que les larves sortent et mettez ensuite sous la
« meule ; vous obtiendrez un produit de second ordre
« sans doute, mais vous aurez travaillé au salut de la
« récolte prochaine, et vous serez tout au moins rem-
« boursés de vos frais. »

Le conseil est bon, en ce sens qu'ainsi que nous l'avons reconnu, il est dangereux en tout temps de laisser sur la terre des olives atteintes par les larves du *Keïron*, lesquelles larves, sorties du fruit, peuvent trouver dans les plis du sol un abri pour accomplir leurs transformations ; mais triturer des olives contenant des coques vides, des résidus de pupe, des excréments dont l'âcreté est telle que le noyau en est parfois noirci jusqu'à une certaine profondeur, c'est se résoudre à n'obtenir qu'une huile trouble, à odeur et à saveur désagréables qui ne pourra être utilisée pour apprêter les aliments, et que vous devrez vous bien garder de mélanger avec celle recueillie dans de bonnes conditions. Telle est du reste l'opinion émise par le docteur Maurice Girard dans son catalogue des animaux utiles et nuisibles (1). Je lis en effet dans ce travail cette phrase qui s'accorde trop bien avec mon opinion pour que je ne la cite pas : « L'huile faite avec des fruits remplis d'excréments de « larves a un goût détestable. » Rosier en 1804, Roubaudy en 1843 s'accordent aussi pour dire que l'huile faite avec des fruits tombés et malades a toujours un goût très désagréable.

J'ai dit que pendant les froids, la mouche de l'olivier devait se réfugier dans le creux des arbres et j'ai fortifié mon opinion par une preuve me venant de l'arrondissement de Grasse ; mais dans nos régions méridionales, les hivers sont de courte durée, il faut donc admettre que si le *Dacus* est en repos pendant les froids, il se réveille de bonne heure. De quoi se nourrit-il alors pendant son existence entière ? c'était un point intéressant à étudier.

Le *Dacus oleae* ne mange pas, il se contente de sucer au moyen d'un appareil particulier; c'est un fait incontestable (2); de quoi vit-il ? attaque-t-il les olives ? se repaît-il des liquides huileux qui peuvent découler des trous de sortie ? Mais lorsqu'aucune sortie n'a encore eu lieu, lorsqu'il n'y a même plus de fruits sur les arbres, ou que ce fruit est complètement vert ? On comprendrait jusqu'à un certain point que pendant la floraison, il recueillit dans le calice des fleurs de l'olivier le nectar qu'il contient, mais telle ne doit pas être sa nourriture.

Cauvin a conservé des mouches pendant plusieurs mois en leur donnant avec de l'eau, du miel et des rai-

(1) Maurice Girard (Catalogue des animaux utiles et nuisibles, 1878.)

(2) On a remarqué que le *Dacus* piquait les jambes et les bras des ouvriers chargés de la cueillette ; on a remarqué aussi qu'il recherche les matières excrémentielles et qu'il suce les larves mortes de ses semblables.

sins écrasés, nourriture qu'elles recherchent sans ardeur, mais ce ne sont là que des expériences et non des faits naturels ; il faut à l'insecte une nourriture permanente, indépendante du fruit et de la fleur qui peuvent lui faire défaut. Or, les auteurs anciens nous apprennent que l'olivier produit en tout temps une sorte de gomme-résine odorante, qui réside dans son bois et dans ses feuilles (1). Cette gomme ne serait-elle pas, en partie du moins, la nourriture du *Dacus* ? on s'expliquerait alors ses promenades agitées, tournoyantes, sur l'écorce de l'arbre.

C'est une question à étudier.

---

(1) J'ai recueilli à St-Jean des larmes de cette gomme-résine ; il est aussi démontré que les *Psylles* et les *Cochenilles* en produisent, on n'a pour s'en assurer qu'à presser entre deux doigts la matière cotonneuse que ces insectes déposent sur les tiges, les bourgeons et les fleurs de l'olivier.

CHAPITRE III

—

MALADIES DES OLIVIERS

1° Morfée (1) **(Fumagine**, maladie du Noir, *lou Negre*, dans nos régions ; *Morfea*, *Fumago*, en Italie ; *El Menn*, *el Djaiah*, en Algérie ; *Melera*, *Melazo*, *Negrella*, en Espagne.)

Nous continuons ce travail par l'étude de la *Morfée* ou *Fumagine* qui envahit tout à coup certains quartiers pour ne plus les quitter pendant plusieurs années.

J'ai pu me procurer deux mémoires sur la *Morfée*, publiés par M. Rivière, jardinier en chef du Luxembourg, et par M. Roze, attaché au ministère des finances (2).

Je puiserai dans ces deux documents, et surtout dans le second dont M. Roze est l'auteur. Bernard de Marseille serait le premier qui aurait signalé la maladie du *Noir* dans son grand travail de 1782, mais il l'aurait fait dans des termes vagues et sans approfondir la question. Selon lui, cette maladie proviendrait uniquement de la sève extravasée, délayant les excré-

(1) Le mot italien *Morféa*, dérivant évidemment de *Morphée*, fils du sommeil, la traduction en français devrait être *Morphée* ; mais comme l'abbé Loquez, en 1806, et depuis cette époque plusieurs auteurs, y compris MM. Rivière et Roze, ont écrit *Morfée*, je conserverai cette appellation.

(2) Bulletin de la Société botanique de France, séance du 25 janvier 1867, T. XIV f. 12 à 21.

ments d'une *Cochenille*; c'était soulever un coin du rideau.

En 1806, l'abbé Loquez, dans un livre de 220 pages, imprimé sur papier verdâtre, que j'ai été heureux de trouver à la bibliothèque de Nice (1), traite de la *Fumagine* qui, arrivant d'Italie, dit-il, commençait à envahir les citronniers et les orangers de Menton, sans avoir encore atteint Nice; il l'appelle une maladie cutanée semblable à la gale, et ne cite pas les oliviers, comme en étant attaqués.

Selon lui, ce serait le résultat du double parasitisme d'une *Cochenille* et d'un *Champignon*; quant au *Miellat* ou *Mélasse* qui est le début du mal, il l'attribue à une extravasion des sucs propres des arbres, par les blessures que font sur les feuilles, les trompes acérées des *Cochenilles*.

En 1837, Guérin (2) disait en parlant de la *Morfée* ou *Maladie du Noir*, que l'arbre devenant malade par l'effet de l'humidité ou des brouillards, est envahi par la *Cochenille*; il faut admettre, ajoutait l'auteur, que cette *Cochenille* produise elle-même la maladie, ou qu'elle en soit seulement la première cause. L'opinion la plus répandue serait que cette infection est le résultat d'une sève dépravée par le sol humide et que la piqûre de la *Cochenille* couvrant les feuilles et les brindilles d'une matière visqueuse, y fixe les semences des *Byssus* et des *Mucors* qui voltigent dans l'atmosphère; ce qui le prouverait, dit-il, c'est que cette maladie n'existe pas dans les localités battues par les vents et sur les arbres où n'apparaît pas ce *Gallinsecte*.

La *Cochenille* arrive sur l'arbre languissant, et s'y multiplie rapidement; la sève déborde sous les piqûres, elle se fige sur les feuilles en un vernis transparent, d'une douceur fade, la plante devient noire et la *Morfée*

(1) L'abbé Loquez de Nice (Histoire naturelle de la *Morfée* ou infection de la famille des orangers.)

(2) Guérin (Dictionnaire d'histoire Naturelle, Paris 1037.)

qui s'est déclarée, arrête la croissance et la fécondité en empêchant l'arbre de respirer.

Depuis cette époque, deux camps se sont formés : le camp des Entomologistes (Robineau, Des-Voisy, Campanyo-1858, Boisduval-1867, et autres) qui persistent à attribuer l'origine du *Champignon* ou *Fumagine* à la présence de la *Cochenille* ; selon eux la *Morfée* n'est qu'un résultat et non une cause, elle est due à l'existence antérieure et aux ravages de l'insecte ; sans la matière visqueuse secrétée par lui, la *Fumagine* ne pourrait se produire et prospérer.

Le camp des Botanistes (de Candole, Risso, Porteau, Turpin, et plus récemment les Tulasné) soutient que le *Champignon* seul constitue la maladie.

Deux Botanistes cependant, (Desmazières et Berkeley-1849), paraissent admettre avec les Entomologistes que le *Miellat* sur lequel naît le *Fumago*, provient, soit des *Cochenilles*, soit d'une liqueur sucrée, excrétée par les feuilles.

Suivant MM. Léveillé, Le-Maout et Descaine (1868), le *Fumago* n'est pas parasite de l'arbre ; il végète sur le léger enduit formé par l'excrétion mielleuse du *Puceron* ou par les déjections de la *Cochenille* ; c'est donc aux Pucerons et aux Cochenilles qu'il faut faire la guerre.

Devant de pareilles autorités botaniques, la cause des Entomologistes semble gagnée.

Enfin, M. Rivière soutient, et il l'a démontré paraît-il à MM. Roussel, Laboulbène et Signoret dans les serres du Luxembourg, que le *Miellat*, qui se couvre des germes ambiants du *Cryptogame*, proviendrait non pas comme le pensait M. l'abbé Loquez, d'un écoulement de la sève par les blessures faites à l'épiderme des feuilles par la trompe acérée des *Cochenilles*, mais uniquement de leurs déjections projetées en grande abondance, souvent fort loin, ce qui expliquerait, selon lui, l'existence de la maladie sur des plantes où ne vit pas l'insecte. Si extraordinaire que paraisse cette solution, je suis tout disposé à l'accepter comme présentant le dernier mot de la question (1).

Un autre point à discussion, c'est que lorsque certains naturalistes disent que la *Cochenille* n'envahit que les arbres malades, d'autres estiment au contraire qu'elle n'attaque que ceux qui peuvent par leur vigueur lui donner toute sécurité pour son existence.

Je pense avec beaucoup de cultivateurs, que si l'insecte n'atteint pas toujours uniquement les arbres souffreteux, il ne prospère cependant que dans des conditions d'humidité ou de mauvaise aération qui peuvent bien être considérées comme un état maladif.

Quant à M. Roze, il est d'avis que l'excrétion projetée par la *Cochenille* n'est pas le siège immédiat du développement de la *Fumagine*; le phénomène serait plus complexe.

Ce qui apparaît d'abord, dit-il, dans le *Miellat*, c'est un *Mycoderme* dont la rapide multiplication, par dédoublement cellulaire, change la nature du liquide excrété, en même temps qu'il s'offre lui-même comme support au *Mycelium du Fumago*.

Comme moyen curatif, M. Rivière indique des aspersions d'eau de chaux, des fumigations de tabacs, le soufrage par sublimation, le lavage et le brossage, enfin la suspension sous les arbres de faisceaux de paille imbibés de coaltar, conseillée par le docteur Signoret pour tuer ou éloigner les mâles ailés des Cochenilles.

A Menton, j'ai vu employer le pétrole et l'eau vinaigrée pour le lavage des feuilles d'orangers, noircies par la *Fumagine*.

(1) Ayant enfermé dans une grande boîte vitrée quelques branches d'oliviers, couvertes de *Fumagine* et possédant un certain nombre de *Lecanium* vivants, j'ai constaté et fait constater par un propriétaire de Menton, l'existence sur le fond de la boîte de nombreuses gouttelettes d'un liquide transparent, blanc et gluant, qui étaient évidemment produites par les *Lecanium*. Ce fait de l'expansion par la *Cochenille* des sucs qu'elle extrait de l'arbre et qui ont traversé son organisme, ne peut être mis en doute.

L'essentiel surtout, est de maintenir les arbres dans des conditions hygiéniques satisfaisantes, d'éviter de planter dans les bas-fonds et dans les régions trop accessibles aux brouillards, de supprimer toutes les branches mortes ou malades et de détruire à la main, si la chose est faisable, le plus de *Cochenilles* possible. Une observation, qui me vient de la rive droite du Var, fortifierait cette opinion (1).

« Je pense, m'écrivait un agriculteur très-instruit et « très-observateur de cette contrée, que *le Noir* est « causé par un excès d'humidité à la superficie du sol; « arrosages trop fréquents et trop peu abondants, « pluies légères qui ne mouillent que le chevelu de « l'arbre, toujours très-rapproché de la superficie ; ce « qui le prouverait, dit-il, c'est que je possède près de « la margelle d'un puits très-visité par les passants, « un olivier au pied duquel on verse sans cesse, en pe- « tite quantité l'eau restant dans le seau au moment où « l'on veut le remplir de nouveau ; cet arbre a toujours « le *Noir*, tandis que la maladie n'existe pas sur les « arbres environnants. »

Mon agriculteur ne paraît pas s'être parfaitement rendu compte de l'origine du mal ; il fait naître la *Morfée* directement de l'humidité constante et insuffisante du sol, lorsque très-probablement, en cherchant bien, il eut découvert la véritable cause : la *Cochenille (Lecanium oleae)* qui doit exister sur l'arbre en question.

2° **Le Muffe** (Muffa ou Charbon.)

Les agriculteurs des Alpes-Maritimes appellent *Muffa* ou *Charbon* une maladie que l'on confond souvent avec la *Morfée*.

Selon les propriétaires que j'ai consultés, cette ma-

(1) Le naturaliste espagnol Tablada recommande surtout une taille énergique.

ladie qui affecte une couleur noire, serait une sorte de moisissure qui résiderait dans les racines, et qui proviendrait d'une trop grande humidité du sol, ou d'une trop grande vieillesse de l'arbre.

Aux dires de Bernard, la *Muffa* qui se manifeste de préférence dans les terrains fertiles, consiste en un épanchement plus ou moins abondant de la sève ; elle a presque toujours son siège au bas de la tige sous le sol, l'arbre devient languissant et il périt le plus souvent.

L'olivier atteint de la *Muffa* doit être taillé énergiquement ; on mettra à jour les racines, et après avoir enlevé à la hâche le plus de bois moisi qu'il sera possible, après avoir employé le feu même, on renouvellera la terre, sur une certaine profondeur, on y mêlera des cendres et on versera au pied, du lait de chaux.

Cette maladie assez rare heureusement démontre plus que tout raisonnement, qu'il faut renoncer à vouloir cultiver les oliviers dans des milieux qui leur sont défavorables et que de bonnes conditions de sol et d'aération sont avant tout indispensables.

Les anciens, Pline, Caton, etc., prétendaient que le voisinage du chêne était nuisible à l'olivier. Il est évident que si vous abattez un chêne qui est trop rapproché des oliviers qui l'entourent et absorbe en notable partie non seulement l'air, mais encore les sucs terrestres, vous améliorez les conditions d'existence de ces oliviers.

3. — Excroissances, nodosités, galles

(En Italie, Rogna, Tubercoli degli olivi)

Il se forme sur les jeunes branches de certains oliviers, des nodosités irrégulières, qui par leur grosseur et par leur nombre, paraissent devoir porter préjudice aux arbres.

Dans son grand travail sur l'olivier reproduit en

1801 par Rosier, Bernard de Marseille, que nous avons déjà cité si souvent, disait en 1782 :

« La destruction des pousses nouvelles occasionnée « par la chenille mineuse au commencement du prin- « temps, n'est pas le seul dommage qu'elle porte à « l'olivier ; on sait que la piqûre de plusieurs insectes « produit sur différents arbres une extravasion de sève « qui donne naissance à des corps que l'arbre ne porte- « rait pas naturellement.

« J'ai dit que la chenille mineuse s'insinuait dans le « centre des bourgeons naissants et les dévorait jus- « qu'à l'endroit où ils sont articulés sur le vieux bois ; « cette piqûre se cicatrise rapidement sur plusieurs « espèces d'oliviers, mais il en est d'autres sur lesquels « il se forme, à la racine du bourgeon dévoré, une « excroissance d'abord tendre et recouverte comme « toutes les autres parties ligneuses, de l'écorce naturelle « de l'arbre; dans les années où les chenilles sont abon- « dantes il y a une excroissance à l'aisselle de la plupart « des feuilles. Ces monstruosités grossissent inéga- « lement et elles se dessèchent par degrés, mais lors- « qu'elles embrassent tout le rameau, la sève est « ordinairement interceptée, et ce qui est au-des- « sus périt.

« Il arrive aussi souvent que les nodosités ne s'éten- « dent pas assez, même dans le cours de plusieurs « années, pour empêcher la sève de circuler. »

Enfin, dans le n° des Annales d'Agriculture de Florence pour 1879, il est dit à ce sujet « que ces no- « dosités paraissent provenir de boutons atrophiés « qui n'ont pu se développer, et que dans celles de « ces nodosités qui ont été présentées à la Société d'En- « tomologie agricole en 1877, il se trouvait des excré- « ments et des traces de galeries qui devaient provenir « d'insectes. »

Il semblerait résulter de ces deux autorités que la chenille mineuse peut être accusée de provoquer les nodosités remarquées sur certaines espèces d'oliviers ;

mais après un examen sérieux de la question, je ne puis m'empêcher de partager l'avis contraire émis par B. de Fonscolombe qui, combattant l'opinion de Bernard, n'admet pas, ainsi que je l'ai déjà dit, qu'une si petite cause puisse produire un effet si durable.

B. de Fonscolombe n'avance aucun fait nouveau. En ce qui me concerne j'appuie mon opinion d'une preuve.

L'olivier sauvage, le véritable *Oleaster* qui forme sur nos collines boisées ou incultes de véritables buissons épineux, ne fleurit que très rarement; il ne produit donc, pour ainsi dire, pas de fruits, et s'il en donne, l'olive est si petite que la chenille mineuse ne peut absolument pas se loger dans son noyau. Il en est de même de la feuille, ronde et rude, dont les dimensions ne dépassent pas celles d'un grain de maïs. L'insecte n'a donc rien à faire à ce fruit et à cette feuille qui ne pourraient l'abriter, et cependant l'olivier sauvage est souvent littéralement envahi par des nodosités qui prennent de grandes proportions.

D'où il faut conclure que ces nodosités sont une véritable maladie et non le résultat de l'action de la chenille mineuse.

J'ai examiné un grand nombre de ces nodosités recueillies sur divers points, et j'ai constaté que, tenant essentiellement à la branche, elles étaient en communication intime avec elle; ce sont évidemment des exubérences de sève qui se fendillant en vieillissant, donnent abri à différents insectes dont on trouve les traces. Malgré l'opinion de Presta de Gallipoli, qui regardait ces excroissances comme un signe de fertilité, je suis d'avis que l'élagage doit faire disparaître autant que possible les tiges atteintes, qui ne meurent pas de ce mal il est vrai, mais dont la croissance et la production doivent évidemment souffrir; si, sans couper les branches, on se contente d'abattre les nodosités, il serait utile de passer de l'eau vinaigrée sur les cicatrices.

Quant aux excroissances plus volumineuses des racines extérieures, elles ne constituent pas un état maladif; mais, comme elles absorbent inutilement des sucs qui pouvaient profiter à l'arbre, on a l'habitude, dans certaines contrées qui ne sont pas les nôtres, de les faire disparaître ; c'est alors que l'emploi sur les cicatrices de l'eau vinaigrée d'abord, et ensuite du goudron ou de l'onguent de St-Fiacre, est indispensable.

4. — Gomme-résine

Faut-il considérer la production de la *Gomme-résine* de l'olivier comme une maladie de cet arbre? En tout cas, dans nos régions du moins, c'est une maladie peu dangereuse, car il m'a fallu chercher longtemps sur les territoires de Nice et de Villefranche pour me procurer quelques échantillons de cette gomme.

Elle se produit généralement sur le jeune bois encore lisse ; très molle d'abord, allongée, sans adhérence trop marquée aux doigts, sans transparence, jaunâtre, elle forme ensuite en vieillissant un corps presque rond, composé d'une matière d'un jaune ambré, très-dure, très-cassante, d'une limpidité, d'un brillant excessifs à l'intérieur, tandis que la couche extérieure parfois fendillée est comme mate et chagrinée; lorsqu'on la brûle elle répand une odeur douce et agréable qui rappelle celle des fruits encore verts ; on en trouve aussi sur les feuilles, mais elle reste blanche.

La matière essentiellement visqueuse que produisent les *Psylles*, et qui a évidemment la même origine que la *Gomme-résine*, est blanchâtre comme le coton qui l'entoure.

5. — Lichens. — Mousses.

L'écorce de l'olivier n'est unie que pendant les premières années de la croissance de l'arbre ; elle devient ensuite écailleuse, raboteuse, présentant aux insectes des abris, à l'eau de la pluie des cavités susceptibles de la retenir, et bientôt elle se couvre de *mousses* et de *lichens* qui ne peuvent qu'absorber les sucs nourrissiers. Afin d'éviter ce danger, les anciens recommandaient de tenir lisses, les troncs et les grosses branches.

RÉSUMÉ DES 2e ET 3e CHAPITRES

1° Procéder aux élagages ou émondages à la fin de l'hiver ou au plus tard au commencement du printemps ; mettre à bas avec les branches malades, les plus petits rameaux du sommet de l'arbre qui sont préférés par les insectes.

Détacher le jour même, des grosses branches coupées, les brindilles, et les brûler sans retard à la nuit. On détruira ainsi de grandes quantités de *Phloeothrips*, de *Chenilles*, de *Psylles*, de *Cochenilles*, et de *Papillons* de nuit attirés par le feu.

Mettre en petits tas les plus grosses branches sous les arbres, les laisser à l'état de piège pendant vingt jours, et ne les enfermer qu'après les avoir écorcées et flambées ou trempées dans l'eau pendant une semaine ; on anéantira ainsi de grandes quantités de *Phloeotribus* ou *Neïron* et *d'Hylesinus* qui auraient dévoré les jeunes tiges et procédé à de nouvelles générations d'insectes.

2° On peut aussi détruire les *Phalènes, Pyrales* et *Teignes* en tendant pendant la nuit des ficelles miellées où ces papillons viendront s'engluer, et où pendant le jour, le *Keïron* viendra se faire prendre.

3° Surveiller les rejetons d'oliviers, de mars à l'hiver, les secouer au besoin légèrement de temps en temps au lever du jour, dans un parapluie renversé afin de les débarrasser des larves de *Coléoptères* et des *Chenilles* qui s'y trouvent ; dans cette opération épargner les *Araignées* et les *Coccinelles*.

4° Utiliser contre le *Dacus* ou *Keïron* le procédé de M. Bertrand ; c'est-à-dire suspendre sous les arbres, entre les branches au plus fort de l'action de la mouche, et même dès le milieu de septembre, des vases plats contenant le liquide composé par cet agriculteur, ou à son défaut, tout autre liquide miellé, sucré, visqueux et aromatisé.

5° En ce qui concerne la *Cochenille*, les *Psylles* et la *Morfée*, faire disparaître les arbres qui sont dans des conditions d'humidité impossibles à combattre, les tailler à fond tout au moins, et dès qu'on s'apercevra que la *Cochenille* a fait son apparition, la rechercher, l'écraser et traiter l'arbre comme nous l'avons dit précédemment.

6° Pour combattre le *Phloeothrips* (Barban ou ver noir) tenir lisses autant que possible, le tronc et les branches des oliviers, afin de détruire les nids, et ne laisser sur les arbres aucun bois perforé, surtout dans les parties hautes.

7° Aérer les plantations, distancer les arbres, assainir et drainer le sol en y mêlant du sable, et brûler lentement les herbes arrachées, de manière à dessécher l'air et à provoquer de la fumée ; faire cette opération principalement à la nuit.

8° Ne pas laisser sur le sol les olives tombées, les ramasser le plus promptement possible soit pour les brûler soit pour les détriter. Celles tombées en septembre ne contiennent pas assez d'huile pour être broyées avantageusement, mais comme elles présentent presque toutes, une ouverture ronde à la place du pédoncule, il faut les brûler immédiatement; car il sortira du noyau, si ce n'est déjà fait, une chenille mineuse (*Prays oleellus*) qui ira se transformer en terre, et viendra ensuite à l'état de *Teigne* faire une 2me ponte qui minera les feuilles pendant l'hiver et préparera la génération du printemps, celle de l'amande, qui fait tomber les jeunes fruits.

9° Lors de la cueillette, ramasser et jeter au feu sans retard les chenilles, les larves de *Dacus* et les *Papillons* tombés sur les draps.

10° Laisser séjourner peu de temps les olives dans les magasins avant de les mettre sous la meule.

11° Dans ces magasins, qu'on aura soin de tenir fermés par des vitres, retourner deux fois par jour les dépôts et balayer immédiatement les larves et les pupes de *Dacus* ; on pourra y brûler des branches de genévrier et même y installer des oiseaux à bec fin.

12° Provoquer de la part de l'autorité départementale des arrêtés réglementant, ce qui est assez difficile j'en conviens : 1° l'emploi des bois coupés, mesure plus nécessaire qu'on ne pense ; 2° l'époque de la cueillette des olives qui doit être faite au plus tard à la fin de mars (1). De cette manière on gênera le développement du *Neïron* et du *Keïron*, on rendra l'action nécessaire aujourd'hui paraît-il, des gaules, moins dangereuse pour l'arbre, et je suis persuadé que si le rendement du fruit est moindre, la qualité sera peut-être améliorée.

13° Surveiller la fabrication afin d'éviter les manœuvres frauduleuses et les mélanges.

14° Donner des soins minutieux à la propreté des moulins et à la conservation de l'huile.

(1) Ainsi que je l'ai déjà dit : à Brignolles, tout est récolté en février.

A Cuers, tout est récolté en janvier ;

Dans l'Hérault, on récolte en octobre le fruit pour conserve et en décembre celui destiné à donner l'huile ;

Dans l'Aude, tout est récolté en décembre ;

Chez nous au contraire, la cueillette se prolonge jusqu'en juin au grand bénéfice du *Dacus*.

LES ARRÊTÉS RELATIFS AUX OLIVIERS

J'entendais un des notables de Nice, dire dernièrement, à propos de l'arrêté à prendre pour améliorer nos récoltes en huile :

« Réglementez d'abord la culture ! »

Je ne puis partager cette opinion; il ne me paraît pas possible de forcer un propriétaire à utiliser son terrain. Si, par sa négligence, il amène une diminution de son avoir, je ne vois que lui de véritablement lésé dans la circonstance ; mais l'autorité a le droit, il me semble, de l'empêcher d'occasionner, par son incurie, un préjudice réel à ses voisins.

Ainsi, sans vouloir revenir aux Inspecteurs des oliviers de l'ancienne Grèce, si sévères dans l'exécution de leur mandat, nous devons étudier sérieusement si des arrêtés relatifs aux oliviers sont indispensables, et les provoquer, dans le cas où leur utilité serait démontrée.

J'en demanderais deux émanant de l'autorité préfectorale.

1° Arrêté réglementant l'emploi des bois résultant de la taille et des élagages.

2° Arrêté fixant la fin de la récolte des olives.

I

Il ne faut pas se dissimuler que le *Phloeotribus oleae* ou *Neïron* et l'*Hylesinus fraxini* sont tout au moins aussi dangereux que le *Dacus oleae* ou *Keïron*, en ce sens que si le dernier s'attaque au fruit, les deux premiers s'attaquent à l'arbre lui-même.

Pour nier les dommages sérieux que ces deux *Coléoptères* causent, à l'état d'insecte parfait, il faut n'avoir pas voulu remarquer les courtes mais profondes galeries qu'à la sortie des bois d'élagages mal surveillés, ils viennent creuser sur les branches de l'année précédente, dont l'écorce est encore lisse et même sur celles de l'année courante, s'adressant à l'entrecroisement des rameaux et au-dessous de leur point d'attache. Il faut n'avoir pas voulu voir ces petits puits perpendiculaires, sans galeries latérales, qu'ils pratiquent dans la jeune tige pleine de sève, causant ainsi dans les deux cas, un dommage réel à l'arbre, et préparant des refuges pour le *Phloeothrips* et pour les petites chenilles.

Il est donc nécessaire que l'emploi des bois provenant de la taille et des élagages soit réglementé et surveillé et il peut l'être par un arrêté général. L'essentiel c'est qu'il soit prescrit de brûler immédiatement, à la nuit, les brindilles et de conserver, en les disposant en petits tas sous les arbres, les plus grosses branches pendant vingt jours au moins, jusqu'à ce qu'elles soient couvertes de petits chapelets de sciure d'un blanc jaunâtre. L'indispensable c'est qu'il soit sévèrement défendu d'enlever ces nids d'infection avant de les avoir, soit écorcés, soit flambés, soit noyés pendant plusieurs jours, et qu'on fasse une obligation de les porter loin des champs d'oliviers et de les renfermer ensuite dans des lieux clos et secs.

L'arrêté que je demande relativement à l'emploi des bois coupés, n'est pas une nouveauté. Le 15 mai 1864, le docteur Martinenq de Grasse (1) le réclamait et faisait ressortir les avantages qui étaient résultés de mesures de cette nature prises avec approbation préfectorale, par le Maire de Pélissane (Bouches-du-Rhône). Voici l'analyse de l'arrêté en question daté du 31 mars 1857.

« Considérant que l'usage adopté par les propriétai-
« res d'oliviers, de laisser les émondages de ces arbres

(1) Docteur Martinenq de Grasse (2e rapport sur les insectes rongeurs de l'olivier 1864 f. XXIII).

« sécher sur place dans les vergers etc, etc., constitue
« un danger très grave pour l'avenir de la récolte des
« olives.

« Considérant qu'en effet les rameaux d'oliviers en
« se desséchant sont rapidement attaqués par un ver
« qui les ronge, et donne naissance à un *Charançon*
« appelé *Babarotte* qui se jette sur les oliviers voisins,
« en attaque les rameaux et détruit la récolte (1).

« Considérant, etc., etc....

« Avons arrêté et arrêtons ce qui suit :

« Dans les dix jours qui suivront la publication du
« présent arrêté, les propriétaires seront tenus d'enle-
« ver et transporter dans les granges ou de détruire
« par le feu le produit des émondages.

« Art. 2. — A l'avenir le bois d'émondage devra être
« enlevé ou brûlé à mesure de l'émondage, etc., etc.

« Art. 5. — Notre adjoint, le commissaire de police
« cantonal et notre garde champêtre sont chargés, cha-
« cun en ce qui le concerne, de l'exécution du présent
« arrêté qui sera transmis à M. le Sous-Préfet. »

Fait à Pelissane, en mairie, le 31 mars 1857.

Le Maire,

OLIVIER.

Cet arrêté est loin de me satisfaire ; il faut, pour que le mal soit conjuré, brûler de suite les brindilles et conserver sur place, pendant un temps déterminé, à l'état de piège, les grosses branches ; mais cet acte administratif constitue cependant un précédent à invoquer.

On objectera, peut-être, que si l'on procède à des élagages annuels, on n'aura pas, chaque année, un assez grand nombre de grosses branches pour constituer les pièges en question.

(1) Il s'agit évidemment du *Phloeotribus oleae* et de l'*Hylesinus fraxini* confondus ensemble dans l'appellation de *Charançon Babarotte.*

M. Martinenq va répondre à cette objection.

« On a fait observer, dit-il, que dans les propriétés « bien tenues et régulièrement élaguées par tiers et « par quart, il est difficile d'avoir une quantité assez « considérable de grosses branches à offrir aux pon- « deuses du *Neïron*, et que dès lors, la destruction de « la ponte de ce *Coléoptère* peut devenir impossible ou « au moins insuffisante par manque de branches nids. « A cela nous répondrons : que si le *Neïron* ne trouve « pas de nids convenables dans une propriété, il ira en « chercher là où il en existe, vérité qui indique la né- « cessité d'une sémultanéité d'action de tous les pro- « priétaires ; et que du reste, il est rare que dans une « olivette régulièrement élaguée, il n'y ait pas toujours « obligation de couper des branches propres à la ponte, « en assez grande quantité pour s'emparer localement « d'une bonne partie au moins de cette ponte ; tandis « qu'il est certain que dans les propriétés non régulièr- « rement émondées ou infestées de ces insectes, il n'en « manquera malheureusement pas pendant longtemps, « si l'on veut faire un travail régénérateur, conve- nable.

« Le *Neïron* choisit de préférence les plus grosses « branches ; mais faute d'elles, il se jette sur les ra- « meaux coupés plus petits, qu'il aurait dédaignés s'il « en avait eu à sa disposition de plus convenables. »

On objectera aussi peut-être que le *Phloeotribus oleae* et l'*Hylésinus fraxini* s'attaquent principalement aux bois coupés à la fin de l'hiver ou au commencement du printemps ; j'en conviens, mais comme il serait difficile de fixer une limite précise entre les élagages dangereux et ceux qu'on prétend ne pas l'être, mon opinion est qu'ils le sont tous, surtout en ce qui concerne les brindilles, mais que ceux pratiqués de juillet à janvier le sont beaucoup moins.

Enfin, cette nécessité d'un arrêté concernant l'utilisation des bois d'oliviers coupés, découle évidemment aussi des termes de la circulaire si précise qu'à la date du 15 mai 1878, la Société centrale d'Agriculture, d'Horticulture et d'Acclimatation de Nice a adressée aux agriculteurs.

II

Quant à l'arrêté concernant la récolte des olives, il me paraît que la dernière limite à tolérer doit être la fin du mois de mars ; plus tôt serait encore préférable ; mais il faut qu'au 1er avril, il n'y ait plus une olive sur les arbres, afin que les bourgeons à fleur et à branche aient le temps de se développer à leur aise et que la dernière génération de la mouche soit entravée. Il paraîtra juste que les deux arrêtés que je demande soient applicables non-seulement aux propriétés ouvertes, mais surtout aux propriétés closes. Il ne faudrait pas que lorsque les cultivateurs pauvres, dans un but d'intérêt commun, s'imposeront des sacrifices, ces sacrifices deviennent sans résultats par l'existence dans les propriétés closes, d'arbres conservés pour l'agrément peut-être et qui peuvent devenir des nids d'infection.

Dans son livre si intéressant sur Nice et ses environs, publié en 1843, le professeur Louis Roubaudi (1) traite la question des arrêtés avec toute l'attention qu'elle mérite. Je ne pense pas pouvoir mieux faire que de reproduire presque in-extenso les quelques pages où ce sujet est savamment développé. Je fais cependant mes réserves sur certaines appréciations entomologiques qui sont peut-être discutables à mon point de vue.

« Puisque nous connaissons, dit Roubaudi, les habi-
« tudes du *Keïron*, sa manière de vivre et de se mul-
« tiplier, les causes de sa reproduction, de sa conser-
« vation ; toutes ces données ne pourraient-elles pas
« nous suggérer des moyens de détruire cet insecte
« ennemi si acharné de la principale richesse du

(1) L. Roubaudi (Nice et ses environs, 1843).

« pays ? S'il est certain que les années, pendant les-
« quelles les olives sont piquées, ont été toujours
« précédées d'une récolte qui a conservé ses fruits
« sur l'arbre jusqu'au mois d'avril et mai ; s'il est
« reconnu que les olives d'avril ont été piquées par
« des mouches sorties, alors de terre, ou bien par celles
« dont le froid aurait empêché l'éclosion et qui auraient
« déposé leurs œufs l'automne précédent ; si les olives
« qui restent sur l'arbre jusqu'au printemps transmet-
« tent au péricarpe des nouvelles olives, le germe déposé
« par la mouche après qu'elle a subi ses métamorpho-
« ses dans la terre ; s'il est enfin prouvé que les années
« pendant lesquelles la mouche n'existe presque pas,
« succèdent aux années dont le fruit a disparu de l'ar-
« bre avant le retour du printemps, la conservation du
« germe et de sa transmission aux olives de la nouvelle
« saison ne pouvant, par conséquent, avoir lieu ; n'est-
« il pas probable qu'en faisant la cueillette en hiver,
« sans la prolonger au-delà de la fin mars, le *Keïron*
« ne paraîtrait pas l'année suivante.

« Le plus sûr moyen d'opérer la destruction de cet
« insecte malfaisant, ne serait-il pas de le priver des
« moyens de se conserver, de se perpétuer ? Telle est
« l'opinion d'un grand nombre d'observateurs, opinion
« que nous nous faisons un plaisir de livrer aux médi-
« tations des personnes intéressées et spécialement de
« celles que le gouvernement charge de veiller à tout
« ce qui peut accroître la prospérité publique.

« Pour arriver sur ce point à un résultat complet, il
« faudrait une mesure générale, strictement observée
« dans toutes les localités d'un royaume et des royau-
« mes voisins ; car on sent combien il serait inutile d'es-
« sayer de ce moyen, si une seule contrée, une seule
« province, un seul canton, pouvait s'y soustraire ; puis-
« que de là, plus tard, reviendraient des légions de
« mouches, qui paralyseraient le système que nous
proposons.

« Que peut-on objecter contre cette mesure ? Que la

« cueillette des olives ne saurait jamais être opérée « aussi complètement, quelque soin que l'on eût de ne « laisser aucun fruit sur l'arbre ; que les olives oubliées « ou laissées inaperçues ne manqueraient pas d'être « assaillies ; que le *Keïron* se transmettrait encore « d'une année à l'autre ; que dans ces années, où les « chaleurs continuent jusqu'au mois d'octobre et de « novembre, une très-grande quantité d'olives, par la « multiplication successive des mouches, n'en seraient « pas moins piquées, quoique ces insectes fussent en « très petit nombre dans les mois antérieurs, juillet, « août et septembre ; c'est ce qui est arrivé effective- « ment en 1841, où le thermomètre n'est tombé, pen- « dant tout le mois d'octobre, que trois fois seulement « au-dessous de dix degrés.

« Enfin, peut-on dire encore qu'il n'y a pas assez de « travailleurs pour abattre et ramasser les olives avant « la fin mars ; ou bien qu'il n'y a pas assez de piles « pour détriter toutes les olives dans le terme prescrit ; « que les oliviers gaulés en hiver, époque où le fruit « tient avec plus de force à l'arbre, seraient tellement « endommagés par les coups réitérés de la gaule, qu'ils « ne donneraient pas de fruit l'année suivante ; objec- « tera-t-on encore qu'en abattant les olives avant « leur parfaite maturité, on ferait une perte en huile.

« Nous répondrons à ces objections :

« 1° Que les années où la température se maintient « constamment au-dessus de dix degrés pendant les « mois de septembre et octobre sont rares et excep- « tionnelles, et tout en supposant que les quelques oli- « ves oubliées ou laissées inaperçues sur l'arbre pussent « transmettre le *Keïron* à l'année qui suit, le mal serait « toujours beaucoup moins grand, et il est probable « qu'il finirait par disparaître en peu d'années. D'ail- « leurs ne suffirait-il pas de quelques mesures régle- « mentaires sanctionnées par de légères pénalités, ainsi « qu'on le pratique en France à l'égard des chenilles « qui détruisent les arbres résineux, pour parer à l'in-

« convénient des olives oubliées sur l'arbre ou qu'on « négligerait de cueillir dans les termes qu'on prescri- « rait pour achever entièrement la cueillette des « olives ? (1) Il est du reste très probable que les quel- « ques olives oubliées sur les arbres, malgré la plus « grande attention du cultivateur à les abattre entière- « ment, seraient bientôt dévorées par cette foule d'oi- « seaux qui en sont très voraces.

« 2° Qu'il y aurait non-seulement le temps matériel « et nécessaire pour faire la cueillette des olives avant « la fin mars, mais qu'on ferait encore une économie « dans le travail et par conséquent dans les frais de « dépense pour les faire ramasser, car il y a une « grande différence entre les dépenses et les journées « de travail qu'exige la cueillette des olives, lorsqu'elles « tombent partiellement éparses sur le sol par suite du « ver, des pluies, des vents et autres causes climatéri- « ques, et entre celles nécessaires pour les abattre à la « fois par la gaule sur des tentes ou des draps qu'on « dispose sur le sol tout autour de l'arbre.

« D'après un calcul approximatif que des proprié- « taires éclairés et habitués à ce genre de travail ont

(1) « La loi sur l'échenillage n'est pas la seule en France qu'on ait promulguée pour parer à l'inconvénient des insectes qui portent atteinte aux arbres forestiers et économiques. Un règlement à peu près pareil a été fait dans ces derniers temps pour prévenir le mal que cause aux figuiers une espèce de galle qui ressemble aux *Kermès*. Pour arrêter les ravages de cet insecte on est obligé de frotter, au mois de mai, la tige et les branches avec du vinaigre, ou avec quelque étoffe rude pour en détacher ces hôtes incommodes et les tuer ; on coupe même les branches qui en sont chargées.

Les propriétaires des terres qui omettent de faire pratiquer cette sage mesure sont mis à l'amende avec injonction de se conformer dans les vingt-quatre heures au règlement, et dans le cas contraire, on fait faire le travail aux frais des récalcitrants. Il suffit aux gardes champêtres, chargés de surveiller l'exécution du règlement, d'apporter à l'autorité constituée une branche de figuier portant les insectes destructeurs pour que la loi soit appliquée immédiatement.

« fait, il est prouvé qu'une personne produit en un jour « plus de travail, si la cueillette a lieu de la manière « que nous venons d'indiquer, que si cette personne « doit ramasser à plusieurs reprises les olives tombées « éparses sur le sol et en petite quantité à la fois ; et « abstraction faite de l'empressement que chaque culti- « vateur mettrait à abattre les olives dans le terme « prescrit, l'on peut faire dans un mois le même travail « qu'on ne ferait que dans quatre, en suivant la « méthode qu'on a pratiquée jusqu'ici.

« Dans une question aussi importante et aussi vitale « que celle de préserver les olives du *Keïron*, l'insuffi- « sance des piles ou des moulins à huile ne saurait être « une objection sérieuse. Cette branche d'industrie est « très profitable, et là où les moulins à huile seraient « insuffisants, des spéculateurs ne manqueraient pas « pour en construire d'autres. D'ailleurs, le nombre des « moulins qui existent actuellement suffirait dans la « plupart des quartiers pour terminer la fabrication de « l'huile dans le terme prescrit.

« Nous voyons, en effet, que dans les années d'une « récolte abondante et extraordinaire ces moulins ou « ces piles, par un travail non interrompu, sont plus « que suffisants pour triturer les olives à mesure « qu'on en fait la cueillette.

« 3° Que les oliviers gaulés en automne et en hiver, « ou qui par causes climatériques ne conservent pas « le fruit pendant ces deux saisons, sont précisément « ceux qui se chargent de fleurs et de fruits l'année « suivante. Il est prouvé, en effet, que l'arbre s'épuise « d'autant moins qu'on s'empresse à abattre les olives. « La mesure que nous proposons aurait encore incon- « testablement l'avantage non moins important de « fixer et de régulariser les années biennales ou alter- « nes d'une récolte abondante, ou de la bonne année, « ainsi qu'on le dit communément. On sait que dans le « royaume de Naples, en Espagne et dans tous les pays « où la cueillette des olives a lieu dans les mois de jan-

« vier, février et mars, les récoltes abondantes des oli-
« ves sont régulièrement alternes. Nous savons qu'à « Aix, où la cueillette se fait au mois de novembre, « époque où les olives ont déjà élaboré la plus grande « partie de la substance huileuse, les récoltes ont lieu « presque régulièrement tous les ans.

« Un autre moyen, ajouterons-nous en passant, qui, « indépendamment ou concurremment avec la mesure « que nous avons proposée, contribuerait puissamment « à fixer et à régulariser les années biennales ou al- « ternes, serait celui de fumer les oliviers dans les an- « nées de bonne récolte. L'observation a démontré que « les engrais, en hâtant la végétation et l'accroisse- « ment des sucs nourriciers, profitent à la récolte « pendante ; ils affermissent les olives sur l'arbre, et « leur maturité, dans les mois d'août et de septembre, « est d'autant plus retardée, et par conséquent les oli- « ves moins endommagées par le ver, que les oliviers « sont plus abondamment chargés de fruit.

« 4° Que la perte qu'on ferait dans la quantité « d'huile en procédant à la cueillette des olives en « hiver, serait compensée par la qualité supérieure « de l'huile. De l'avis des gourmets, l'huile la meilleure « et la plus estimée dans le commerce, est celle qui « garde le goût du fruit et qui a un peu d'amertume, « celle dont les olives ne sont qu'aux 5/6 de leur matu- « rité ; c'est ainsi qu'on prépare l'huile renommée « d'Aix ; d'ailleurs vers la fin mars, époque où l'on ferait « la cueillette, les olives renferment toute l'huile qu'elles « sont susceptibles d'élaborer. L'expérience a prouvé « que dès que l'olivier commence sur la fin mars, son « cours périodique de végétation, les fruits ont acquis le « dernier degré de maturité. Il résulte encore de l'observa- « tion et de l'expérience qu'une mesure donnée d'olives « cueillies dans le mois de mars, donne, par exemple, 25 « livres d'huile, tandis qu'une égale mesure d'olives « cueillies dans le mois d'avril et de mai, sur le même « sol, sur le même arbre, donne seulement 20 livres

« d'huile. La différence du produit quantitatif d'huile « obtenue des olives cueillies dans les deux époques « précises dépend de ce qu'en avril et mai le fruit prend « plus de volume en humeur acqueuse par l'effet de la « végétation de l'arbre ; il est, en effet, prouvé par « l'expérience que si sur une mesure donnée d'olives « cueillies dans le mois de mars, on en compte le nom- « bre on obtient la même quantité d'huile que d'un « égal nombre d'olives cueillies dans les mois consécu- « tifs, quoique le volume de la totalité des olives soit « alors plus considérable. L'erreur est donc dans le « volume et non dans le nombre de fruits.

« Pour bien apprécier les résultats ou l'efficacité de « la mesure que nous proposons, voici encore un fait « qui est sans réplique. On sait que dans tous les pays « où la cueillette des olives est terminée dès le mois « de novembre et décembre ou dans les premiers mois « de l'année, ainsi que cela se pratique à Aix, dans le « Languedoc, en Espagne, dans le royaume de Naples, « on n'y connaît pas de *Keïron,* tandis que à l'excep- « tion des pays froids, ces insectes existent partout « ailleurs où les olives restent sur les arbres jusqu'au « retour des chaleurs.

« Or, nous le répétons, une mesure générale stricte- « ment observée dans toutes les localités d'un royaume « et des royaumes voisins, qui obligerait à faire la cueil- « lette des olives en hiver sans la prolonger au-delà de « la fin mars, et à commencer toujours dans les quar- « tiers les plus chauds et les plus abrités, paraît être la « seule certaine pour préserver les olives des ravages « d'un insecte qui cause régulièrement chaque deux « ans aux provinces seules de Nice et de la Ligurie, « un préjudice de plusieurs millions de francs. »

Afin de rassurer encore davantage les propriétaires sur les conséquences des arrêtés à prendre, j'ajouterai aux arguments si probants du professeur Roubaudi : 1° que plus la cueillette des olives sera rapprochée de la saison d'hiver, plus ceux qui tiennent tant à utiliser leur terrain, pourront le faire avantageusement, la récolte de l'olive devant avoir lieu lorsque les plantes semées ne seront pas encore sorties de terre ; 2° que l'anticipation de la récolte rendra le gaulage des arbres, cette méthode barbare qui devra disparaître plus tard, beaucoup moins dangereux, puisque c'est à la fin d'avril seulement que les bourgeons de l'olivier commencent à marquer sérieusement.

Je ne puis donc trop insister pour que, se rendant compte de leurs véritables intérêts, les possesseurs d'oliviers agissent auprès de l'autorité afin que les arrêtés dont il vient d'être parlé, soient pris en temps utile; je le fais tout en reconnaissant que cette question des arrêtés à prendre au sujet de l'olivier est une question des plus graves, des plus délicates qui nécessite une entente non-seulement entre le Préfet des Alpes-Maritimes et ses collègues du Var et des Basses-Alpes, mais encore entre le Gouvernement Français et les Gouvernements d'Italie et de la Principauté de Monaco.

CHAPITRE IV

AMIS DE L'OLIVIER

1.— Parasites des insectes attaquant l'olivier et son fruit

Bien que plusieurs auteurs aient désigné certains *Hyménoptères* comme vivant aux dépens de l'olive, ma conviction résultant d'expériences minutieuses, réitérées, ainsi que celle de M. Laugier, directeur de la station agronomique de Nice, est que les *Hyménoptères* qui ont été remarqués sortant des olives, sont de véritables, d'incontestables parasites du *Dacus* ; comme ceux sortant des coques du *Cionus fraxini* et le *Diptère* produit par la chenille du *Margarodes unionalis,* sont des parasites de ces insectes. Je me refuse cependant à aller plus loin et à penser qu'on peut tirer de ce fait des moyens de sauvegarder nos récoltes ; à ce sujet, je relève dans les Annales de la société d'Agriculture de Florence l'opinion de M. Targioni-Tozzetti qui concorde trop bien avec la mienne pour que j'hésite à en donner la traduction.

« Anciennement, dit M. Targioni, l'œuvre des parasites pour arrêter dans une certaine limite la multiplication des espèces n'était pas méconnue, mais de notre temps, on en a tenu plus de compte ; cependant il ne faut pas admettre que leur action soit le seul, l'exclusif moyen efficace pour limiter les espèces; il ne faut non plus se fier uniquement à ce moyen, à l'exclusion de l'intervention utile des animaux voraces, des oiseaux et de l'homme lui-même.

« L'action des parasites procède d'ailleurs d'après « certaines lois; ainsi, si les êtres organisés sur lesquels « doivent vivre ces parasites augmentent, ceux-ci sui- « vent la même règle de multiplication; mais cette mul- « tiplication multiplie aussi les souffrances des premiers « qui doivent être décimés et diminués ; cette diminu- « tion influe alors sur la nourriture, sur les refuges des « parasites, d'où ils diminuent à leur tour ; tout peut « donc rester dans un équilibre naturel ; mais cet équi- « libre peut être rompu de nouveau pour être de nou- « veau rétabli. »

Donc, en ce qui concerne le *Dacus* par exemple, il est évident, que puisque nos efforts tendent à diminuer leur nombre, nous diminuerons en même temps celui des parasites, et la balance restera la même.

Quoiqu'il en soit, il y a un intérêt réel à connaître les amis de l'olivier ; quand ce ne serait que pour les épargner si l'on vient à les rencontrer.

Nous allons passer en revue les *Parasites* des ennemis de l'olivier qu'il nous a été donné d'étudier.

HYMÉNOPTÈRES PARASITES DU DACUS OLEAE

—

Dans la séance de la Société entomologique de France du 12 janvier 1881, M. Lucas a fait connaître que dès 1847, Laure avait publié dans la revue nouvelle, f°s 641 et 642, que deux insectes venaient au secours de l'olivier, une *Fourmi noire* à tête rouge, (actuellement *Cremastogaster scutellaris*) et un *Chalcidite*, l'*Eupelmus urozonus (Dalman)*.

Si j'ai combattu l'opinion de Laure au sujet du role joué par le *Cremastogaster* qui paraît devoir être classé plutôt parmi les ennemis de l'olivier qu'au nombre de ses défenseurs, je suis plus certain des services rendus par l'*Eupelmus urozonus*, et surtout par d'autres *Hyménoptères* également parasites du *Dacus* et de la larve du *Cionus fraxini* ainsi que par le

Diptère qui confie ses œufs à la chenille du *Margarodes unionalis.*

1. — Eupelmus urozonus (Dalman)

Je vais donner les principaux caractères de la description très-détaillée que Dalman nous a laissée de ce petit insecte, qui appartient à la tribu des *Eupelmidae* et à la famille des *Chalcidites* :

Long, 1|2 à 2 lignes. Antennes insérées au milieu du front, très-rapprochées, formées de 11 articles très-contigus.

Tête presque aussi longue que le thorax, d'un vert bleuâtre ; yeux grands ; mandibules et palpes obscurs; prothorax court plus étroit que le thorax et de même couleur; thorax d'un vert brillant; écusson petit en forme de trapèze; métathorax court, déprimé, d'un vert métallique ; poitrine de la même couleur ; abdomen de la longueur du tronc, d'un vert cuivreux; tarière de la longueur du tiers de l'abdomen, noire annelée de blanc ; pieds longs, forts, jaunâtres; cuisses et tibias d'un vert cuivreux ; ailes hyalines et complètes.

D'après une description plus récente de Thomson, cet *Hyménoptère* serait, *vert ; pieds variés ; tête triangulaire; abdomen déprimé; longueur de deux à quatre millimètres.*

Enfin, selon Laure, et comme détail de mœurs qui me semble rationnel, l'*Eupelmus urozonus* déposerait, dans le fruit, au moyen de sa longue tarière, ses œufs dont la larve qui en sortira, est destinée à se nourrir du tissu graisseux de celle du *Dacus oleae.* (1)

(1) Du reste puisque *l'Eupelmus* qui vit d'habitude dans la *galle chevelue du rosier* est signalé par les auteurs comme étant parasite des *Andricus terminalis* et *curvator* (*Cynipides*) de la *Cecidomya fagi* (*Diplère*), du *Tortrix strobilanus* (*Lépidoptère*) du *Nematus viminalis* (*Hyménoptère*) de l'*Apion pubescens* (*Coléoptère*) des œufs des *Bombyx* etc., etc., il peut bien aussi être parasite du *Dacus oleae.*

Jusqu'en 1847, personne n'avait indiqué l'*Eupelmus urozonus* comme parasite du *Dacus* ; on savait seulement qu'il vivait dans la galle chevelue de l'églantier, (*Rosa canina*) personne depuis n'a fortifié cette opinion ; ne se peut-il pas que Laure ait confondu cet insecte avec un de ses voisins qui bien certainement est parasite de la larve du *Dacus* ; L'*Eulophus pectinicornis*.

2. — Eulophus pectinicornis (Latreille) fig. 2.

En 1880, M. Laugier, directeur de la station Agronomique de Nice, faisant des expériences au sujet du *Dacus*, constata l'existence d'un parasite que peu après j'obtins aussi de mes élévages.

Ce parasite ressemble beaucoup à l'*Eupelmus* comme couleurs et comme taille, mais il a avec lui des caractères différentiels bien établis, indiscutables ; c'est une espèce complètement distincte, et qui jusqu'à ce jour n'avait été indiquée que comme vivant aux dépens d'un *Microlépidoptère*, le *Lithocolletis Schreberella*, qui mine les feuilles de l'*Ulmus campestris*.

La présence de ce *Chalcidite* dans les larves du *Dacus oleae* signalée par M. Laugier et confirmée par mes expériences, est donc un fait inédit. M. André de Beaune le reconnaît, et M. André est une autorité en fait *d'Hyménoptères*.

Comme je viens de le dire, l'*Eulophus pectinicornis* de Latreille est, ainsi que l'*Eupelmus urozonus*, de la famille des *Chalcidites* ; la femelle est complètement d'un vert bronzé, les pattes sont blanches sauf le milieu des cuisses et les pieds qui sont de la couleur du corps.

Le mâle que Geoffroy a figuré, est plus petit, plus svelte que la femelle, et diffère d'elle en ce que la partie supérieure de son abdomen est blanchâtre, que le blanc des pattes est plus général et surtout que ses antennes sont longuement flabellées, les appendices étant eux-mêmes articulés et velus ; c'est ce qui a fait croire à certains observateurs, entr'autres à Roubaudi, que *l'Hyménoptère* de l'olivier avait huit antennes.

Les métamorphoses des *Eulophus* ont été étudiées à différentes époques par Goureau, par Doumerc et par L. Dufour ; le grand maître en cette science si difficile est le docteur Arnold Forster d'Aix-la-Chapelle.

Il est intéressant de relever qu'en 1769, Sieuve au nombre de toutes ses erreurs fait entrevoir comme ennemi de l'olive, une mouche à quatre ailes qui pourrait bien être l'*Eupelmus urozonus*. Plus tard, Roubaudi désigne deux *Hyménoptères* au moins, et surtout l'*Eulophus pectinicornis*, comme étant moins nombreux que le *Dacus*, mais causant aussi de forts dommages aux olives ; Danthoine lui-même parle d'une mouche d'un noir métallique qui se nourrit des olives à Manosque ; il est évident pour moi que ce sont là des erreurs, et que ces auteurs n'ont pas suffisamment étudié les premiers états du *Dacus*.

Mais comment se fait-il que Boyer de Fonscolombe et surtout Cauvin de Nice, qui ont procédé à des élevages munitieux n'aient pas fait mention des parasites signalés en 1847 par Laure, pour l'*Eupelmus urozonus* et en 1880 pour l'*Eulophus pectinicornis*, ou pour un *Hyménoptère* d'une autre espèce, car M. Laugier semble n'être pas persuadé de l'exactitude de la détermination que j'ai acceptée, et il peut avoir raison après tout ? c'est ce que l'avenir décidera.

En procédant à mes élevages de *Dacus*, j'ai constaté de nouveaux faits de parasitisme relatifs aux insectes nuisibles à l'olive.

La larve des *Hyménoptères* parasites du *Dacus* ne se comporte pas comme celle du parasite du *Cionus*, dont nous parlerons ultérieurement; la femelle des parasites du *Dacus* attend pour insinuer son œuf dans l'olive que l'état maladif du fruit indique qu'il est atteint ;

lorsque cet état est bien évident, elle introduit alors son germe dans la galerie où la larve du *Dacus* a déjà acquis un certain développement ; ce germe éclos, recherche la larve du *Dacus*, s'attache à elle, et la fait rapidement périr ; le premier état du parasite est représenté par une larve pointue des deux extrémités, d'un blanc transparent ,avec noyau noir à l'intérieur. Lorsqu'elle a acquis tout son développement au détriment de la larve du *Dacus* morte et devenue noire, elle se recueille, perd sa transparence et finit par donner naissance; pour l'*Eulophus pectinicornis*, à une charmante momie un peu plate d'un noir luisant ; pour l'*Eurytoma* dont nous allons parler à une momie d'un noir mat, reproduisant déjà la forme de l'insecte parfait. Il n'y a pas à se tromper entre les deux chrysalides, comme il n'y a pas à se tromper entre les deux *Hyménoptères*.

La chrysalide, dans tous les cas, est retenue par un fil partant de son extrémité postérieure.

3. — Eurytoma (à dénommer)

Le nouveau parasite de l'olive éclos dans mes vitrines d'expérience est un *Hyménoptère*, *Chalcidite* du genre *Eurytoma* ; sa chrysalide avons nous dit représente exactement l'insecte parfait. Elle est d'un noir mat avec des antennes bien indiquées; quant à l'insecte, au lieu d'avoir la robe métallique de l'*Eulophus* il est d'un noir mat chagriné. Son allure est aussi complètement différente ; l'*Eulophus* est doué d'une vivacité fébrile, *l'Eurytoma* au contraire se meut lentement ; il semble embarrassé de ses antennes longues et à forme épaisse.

Voici, d'ailleurs, la description,que je me suis permis de tracer de ce petit insecte.

Larve apode d'un blanc transparent avec noyau noirâtre, tenant à peu près toute la longueur du corps (1), *plus pointue sur le devant que par derrière; elle avance en se tordant, et non en se repliant sur elle-même.*

Nymphe ou chrysalide, grande, blanche d'abord, ayant déjà la forme de l'insecte parfait, très reconnaissable à cette particularité et à ses gros yeux rouges; elle noircit lentement et donne un Hyménoptère d'un noir chagriné mat, en ce qui concerne la tête et le thorax; abdomen d'un noir assez brillant; yeux rouges; tête carrée aussi large que le corps; antennes proportionnellement longues, lourdes de forme, profondément dentées et garnies de poils chez le mâle qui est sensiblement plus petit que la femelle; ailes épaisses dépassant l'abdomen, brillantes chez la femelle; pattes de devant couleur de poix; pattes de derrière blanchâtres; cuisses noires; abdomen terminé en pointe beaucoup plus aigüe chez la femelle que chez le mâle.

Ce *Chalcidite* doit figurer sans doute dans l'ouvrage que le docteur Mayr de Vienne a écrit sur cette famille et que je n'ai pu me procurer.

4. — Ephialtes divinator (Grav.)

Dans mes boîtes ne contenant que des coques de *Dacus*, est sortie d'une de ces coques une chrysalide très-effilée dont voici la description: *Dessus: tête noire, d'un jaune orange foncé; très-bombé; couverture des ailes relativement courte remontant de chaque côté vers la tête, d'un blanc grisâtre avec la partie supérieure noirâtre; abdomen très-long, un peu recourbé en dessous, noirâtre sur le dessus, d'un gris blanchâtre sur les côtés. Dessous: d'un gris jaunâtre brillant; antennes très-visibles et très-longues; thorax en partie jaune rouge, en partie d'un blanc de lait.*

(1) Cette couleur noirâtre du noyau provient de la nourriture de la larve qui se repait des sucs décomposés et noirs de la larve du *Dacus* qu'elle a tuée.

L'insecte né deux jours après ressemble beaucoup à sa nymphe.

Long. 10 mill, larg. 1 mill. ; tête noire ; yeux très-gros, palpes blanc de lait ; antennes d'un noir grisâtre; thorax rougeâtre en dessus, de même couleur en dessous sauf le point d'attache des deux premières pattes qui est noir; abdomen en tout semblable à celui de la chrysalide ; ailes se croisant sur le corps et s'élargissant à leur extrémité, très-transparentes; les deux premières paires de pattes blanchâtres, la dernière rougeâtre ; mouvements saccadés.

C'est d'après M. André de Beaune un mâle de l'*Ephialtes divinator* de la famille des *Ichneumonides*, qui n'avait été signalé que comme parasite des insectes habitant les ronces.

HYMÉNOPTÈRES PARASITES DE LA LARVE DU CIONUS FRAXINI

J'ai fait connaître au chapitre du *Cionus fraxini* qu'en 1866, des coques de ce *Coléoptère* m'avaient donné des *Hyménoptères* de plusieurs espèces ; cette indication assez vague devait être confirmée par un second élevage de la larve de cet insecte auquel je me suis livré en 1881. Sur huit larves de *Cionus* qui se sont mises en coque dans mes vitrines en 1881, cinq ont produit des insectes parfaits, et des trois autres, sont éclos 15 *Hyménoptères* de la famille des *Chalcidites* et du genre si nombreux des *Ptéromaliens* tous parasites d'autres insectes ; je dis si nombreux car un catalogue publié en 1867, en désigne plus de six cents espèces.

Les *Ptéromaliens* ont été peu étudiés ; après avoir inutilement frappé à plusieurs portes, j'ai dû procéder moi-même à la détermination *provisoire* de ceux que j'ai recueillis n'ayant pas sous la main ce qui a pu être imprimé à leur sujet par les auteurs allemands surtout.

Les *Ptéromaliens* éclos dans mes vitrines constituent deux espèces bien distinctes, qu'il m'a été facile de classer au vu de leur accouplement.

1. **Pteromalus** (à dénommer)

Mâle — *Vert noir métallique plus clair que chez la femelle ; abdomen arrondi en forme de lame de couteau de la longueur des ailes; quand il rencontre la femelle il la fascine, bat des ailes et s'accouple avec frénésie ; très-vif.*

Femelle — Complètement d'un vert sombre métallique ; genoux et pattes blanches ; pieds noirs ; abdomen terminé en cœur aigu dépassant un peu les ailes ; au repos l'insecte incline ses antennes sous le corps.

2. **Pteromalus** (à dénommer)

Mâle — Court ; tête grosse ; thorax d'un vert tendre ; ailes dépassant l'abdomen qui est blanchâtre, pointu, en cœur avec extrémité verdâtre ; pattes roses ; s'accouple fréquemment et meurt avant la femelle.

Femelle — Courte, lourde de formes ; ailes dépassant l'abdomen qui est marron, presque lilas, métallique ; tête et thorax marron foncé et métallique ; pattes rousses ; tête de la largeur de l'abdomen ; antennes jaunâtres à la base, brunes ensuite, grossissant vers le haut.

PARASITE DU LÉPIDOPTÈRE
Margarodes unionalis

—

Diptère-Phorocera, picipes, (Rondani)

En élevant avec des feuilles d'olivier, de lilas et de jasmin, un certain nombre de chenilles du *Margarodes unionalis*, j'ai eu l'occasion de constater que cette *Pyralite* si nuisible dans ses premiers états, aux jeunes pousses et aux greffes de l'olivier, avait aussi son parasite.

En effet, une des chenilles de mes boites d'expérience s'étant retirée sous une feuille pour y accomplir sa dernière transformation, elle a produit, au milieu de son léger réseau de fils blancs et soyeux, non pas une chrysalide de *Lépidoptère*, mais une pupe de *Diptère* d'un rouge assez foncé, de forme à peu près arrondie, plus longue que large avec des parties aplaties, qui, après quelques jours de repos, a donné une mouche noirâtre un peu plus petite, un peu moins svelte, un peu plus velue que notre mouche ordinaire. Je me suis empressé d'envoyer ce parasite à mon collègue de la Société entomologique de France, M. Bigot dont la spécialité bien connue en fait de *Diptères* égale la complaisance.

Selon M. Bigot et autant qu'on peut en juger sur un seul individu un peu maltraité par le voyage, la mouche que je lui ai communiquée est un mâle qui appartiendrait par la villosité légère de ses yeux, au genre *Phorocera* et serait le *picipes*, de Rondani plutôt que le *delecta* de Meigen.

Nous donnerons donc jusqu'à plus ample information au parasite du *Margarodes unionalis* le nom d'espèce de *picipes*, qui me semble en effet lui convenir beaucoup mieux que celui de *delecta*.

Voici, d'après Rondani, la détermination que mon collègue de la Société entomologique italienne M. Bargagli, a bien voulu m'envoyer.

Rondani Dipter. Ital. Prodromus *(Parma* 1859, *vol.* 111. *P.* 163.

Phorocera, picipes (RONDANI)

Long. 4 *à* 5 *millimètres.*

Mâle. — Front de la largeur des yeux ; 3-4 *soies frontales grandes descendant sur les joues à compter depuis l'insertion des antennes et quelques autres de moindres dimensions insérées en dehors des premières; soies orales ténues; antennes 3e art. environ quatre fois plus long que le précédent ; chète distinctement épaissi jusqu'en son milieu ; palpes noirs ; écusson noirâtre à reflets gris ; cuillerons blancs ; abdomen noir un peu grisâtre, quelquefois, la base, d'un brun rougeâtre latéralement ; bords postérieurs des segments intermédiaires munis de soies ; pieds d'un brun noirâtre ou brunâtre, moins obscurs au milieu des cuisses et des tibias ; ailes, 5e nervure longitudinale à peu près droite du coude à l'extrémité, rarement un peu concave au-dessus du coude.*

Femelle — Front un peu plus large que les yeux ; bande noirâtre assez large ; antennes, 3e art. moins allongé ; les soies frontales les plus longues descendant sur les joues comme chez le mâle, les plus courtes à peu près nulles ; le reste à peu près comme dans l'autre sexe.

Assez commune durant l'été sur les collines et dans les plaines de Parme.

Je me réserve d'élever à la saison prochaine, un certain nombre de chenilles du *Margarodes unionalis*, afin d'obtenir le parasite et de bien établir sa détermination.

La difficulté que j'ai éprouvée pour avoir le nom souvent approximatif des parasites relatifs aux insectes nuisibles à l'olivier et à son fruit, démontre combien il y a à faire pour connaître aussi bien que nous connaissons les *Coléoptères* et les *Lépidoptères*, les deux grandes familles des *Hyménoptères* et des *Diptères* si intéressantes cependant, à tous les points de vue.

2e AMIS DE L'OLIVIER

1o Arachnides

Nous devons classer les *Arachnides*(1) parmi les amis de l'olivier en ce sens que puisqu'ils s'attaquent à tous

(1 En Entomologie *Arachnide* est mis au masculin

les insectes sans exception, l'olivier qui a parmi les insectes de si nombreux ennemis, ne peut que bénéficier de la fréquentation des *Araignées*.

Les auteurs anciens citent une *Araignée rouge* comme ne devant pas être détruite ; mon avis est qu'il faut les épargner toutes, et elles sont nombreuses ; car lors de mes excursions de 1881, j'ai recueilli sur des pousses d'oliviers 25 individus appartenant à 11 genres différents que mon savant collègue, M. E. Simon, très expert en la matière, a bien voulu me déterminer.

M. E. Simon m'écrit, et ce renseignement est précieux, qu'aucune *Araignée* ne s'attache spécialement à une espèce de plantes et que l'olivier n'en possède pas en propre ; à cette remarque je me permettrai d'ajouter que si les *Araignées* sont en si grande quantité sur les oliviers, c'est parce qu'elles ont la certitude d'y trouver une nourriture des plus abondantes; en larves, chenilles et insectes parfaits.

Voici la liste des *Arachnides* communiqués à M. E. Simon et déterminés par lui :

1° *Leptorchestes nutilloides* (Lucas) très-longue, noire, avec une mince ceinture à l'abdomen . . . 1

2° *Chiracanthium Mildei* (L. Koch entièrement fauve testacé. 1

3° *Heliophanus Cambridgei* (E. Simon) noir à reflets, verts métalliques 4

4° *Synaema globosum* (Fab.) noire avec les côtés de l'abdomen rouge. 9

5° *Icius striatus* (Clerck) gris blanc pubescent avec deux bandes d'un brun rouge découpées sur l'abdomen. 4

6° *Oxiopes lineatus* (Latr.) fauve avec des lignes longitudinales noirâtres 1

7° *Clubiona brevipes* (Bl.) fauve rougeâtre, rembruni en avant 1

8° *Linyphia triangularis* (Cl.) fauve tertacé avec un dessin noirâtre en forme de feuille sur l'abdomen. . 1

9° *Runcinia lateralis* (C. K.) fauve, plus ou moins varié de rouge 1

10° *Epeira Redii* (Scopl.) brun rouge pubescent avec un dessin obscur très découpé sur l'abdomen . . 1

11° *Saïtis barbipes* (E. Simon) fauve varié de noirâtre 1

2. — Les Coccinelles (Bêtes à bon Dieu)

Les *Arachnides*, les *Hyménoptères* parasites des larves nuisibles à l'olivier et à son fruit sont évidemment d'un certain secours, mais un insecte fort utile aussi, celui que les agriculteurs doivent entourer d'une protection toute spéciale, c'est la *Coccinelle* qui, dans tous ses états et particulièrement à l'état de larve, est carnassière et essentiellement *Aphidiphage*, (de deux mots, l'un latin *Aphis* puceron, l'autre grec φάγω je mange).

L'opinion de tous les naturalistes qui se sont occupés de cette classe de *Coléoptères*, est unanime à ce sujet : j'invoquerai surtout celle de Mulsant dans son travail spécial sur ces insectes. (1)

Dans la partie historique des annales d'Agriculture publiées à Rome et à Florence, Targioni-Tozzetti, parlant des *Coccinelles*, dit qu'il est besoin de les protéger comme aidant l'agriculture à combattre les autres insectes. (2)

Les larves des *Coccinelles* sont d'une forme ovale, lancéolées, amincies en arrière, granulées, colorées diversement, couvertes de poils et non d'épines ; elles habitent sur les feuilles, se nourrissent de *Pucerons*, de *Cochenilles*, de *Kermès*. A l'époque de leur dernière transformation, elles se collent par le dernier segment de leur abdomen aux feuilles au moyen d'une substance visqueuse qu'elles sécrètent ; elles courbent alors leur

(1) Mulsant (Spéciès des insectes 1850).

(2) Targioni-Tozzetti. (Annali di agricoltura, Parte storica n° 9, fr. 31, Roma e Firenza).

corps et surtout la tête vers la face inférieure, de manière à former une gibbosité, les granulations deviennent plus petites, les poils tombent, et la peau desséchée se fend sur le dos et se retire en bourrelet chiffonné vers le point d'attache, laissant la liberté à l'insecte, parfait, mais encore mou et incolore.

Celui-ci est ovalaire ou hémisphérique, de la grosseur d'une grosse lentille,ses antennes vont grossissant vers leur extrémité ; les mandibules sont bidentées à leur extrémité et les machoires bilobées.

Il est marqué de points et taches sur un fond uniforme ; les variétés de chaque espèce sont très nombreuses. Les *Coccinelles* vivent isolées et ne se réunissent parfois qu'en hiver, sous les écorces ; en été elles se dispersent sur les feuilles, rendant les mêmes services que la larve ; les sexes se recherchent et les femelles ne tardent pas à aller déposer leurs œufs dans des conditions de nature à assurer la conservation de leur race ; quand un danger les menace, elles rentrent leurs pieds sous leur corps et restent immobiles,laissant aux doigts de ceux qui veulent les capturer un liquide jaune mucillagineux, à odeur pénétrante et désagréable, ou bien elles se laissent tomber et s'envolent.

On a prétendu dernièrement, que si la larve de la *Coccinelle* dévore les *Pucerons*, l'insecte parfait les protège au contraire, au point d'en transporter sur les plantes où il n'en existait pas.

L'instinct de la maternité est tel chez les insectes que ce fait de *Pucerons* déposés par la *Coccinelle* autour des plantes sur lesquelles doit vivre sa progéniture, pourrait être accepté à la rigueur, mais il ne reste pas moins démontré que les larves de ce *Coléoptère* se nourrissent exclusivement de *Pucerons*, et que l'insecte parfait les dévore lui-même dans de moins grandes proportions il est vrai, que la larve.

Ce transport de *Pucerons* par les *Coccinelles* peut après tout n'être qu'accidentel ; il est possible d'admettre, en effet, que des *Pucerons* se soient attachés après les pattes ou les autres parties du corps d'une *Coccinelle* et qu'involontairement, celle-ci les ait déposés sur la plante qu'elle a ensuite visitée.

Quoiqu'il en soit et jusqu'à ce que le contraire me soit positivement démontré, je persiste à penser que la *Coccinelle* à l'état de larve surtout, ne peut qu'être utile à l'olivier ainsi qu'à toutes les autres plantes.

Les espèces qu'on trouve le plus communément sur l'olivier, sont : *l'Exocomus pustulatus*, presque globuleux d'un brun noir, avec quatre taches rouges et le *Chilocorus bi-pustulatus* de la même couleur, mais plus petit et n'ayant que deux taches rouges, avec corselet moins large que les élytres et ces derniers avec rebord très évident.

Appendice aux insectes utiles à l'olivier

—

On trouve aussi sur l'olivier un certain nombre d'autres insectes qui ne peuvent que lui être utiles et que je vais passer rapidement en revue.

Parmi les *Coléoptères* :

1.— Corynetes violaceus (LINNÉE)

C'est un petit insecte long de 6 à 8 millim., complètement vert que l'on prend assez communément en automne sur les feuilles d'oliviers où il doit être à la recherche des *Pucerons, Cochenilles*, qu'il dévore ; il débarrasse aussi l'arbre des corps morts.

Parmi les *Lépidoptères :*

2.— Lithosia Complana

Papillon nocturne, long de 15 à 20 millim. ; tête et corselet jaunes ; antennes longues et déliées ; corps et pattes jaunâtres; ailes d'un blanc gris; enroulées autour du corps. La chenille vit sur les Lichens qui envahissent souvent les oliviers.

Parmi les *Névroptères* :

3.- Myrmeleon rapax (Oliv.) **ou tetragramicum** (LATR.)?

Ce grand *Névroptère*, long de 35 mill. au corps brun taché de jaune, aux antennes à très nombreux articles, aux grandes ailes brunes finement réticulées et tachetées de noir, se rencontre assez communément sur l'olivier où il vient sans doute dévorer les *Pucerons*.

C'est l'insecte parfait de cette larve grise au gros ventre, aux puissantes mandibules, qui se creuse au pied des arbres, dans la terre friable ou le sable, une sorte d'entonnoir dont elle occupe le centre et où viennent se précipiter de nombreux insectes, de tous ordres; des fourmis surtout.

4.— Hemerobius Chrysops (LINNÉE)? **ou Chrysopa** (H.)

Ce *Névroptère*, d'un vert tendre si délicat de forme, fréquente beaucoup l'olivier; il est long de 15 millimètres; ses quatre ailes à fond blanc sont finement réticulées de vert tendre ; sa larve est essentiellement *aphidiphage*, c'est-à-dire qu'elle vit de *Pucerons* et de *Cochenilles*.

5. — Petits oiseaux

Mais ce que nous devons respecter avant tout, c'est le petit oiseau, c'est le *Bec-fin*, *l'Hirondelle*, le *Martinet*, ces insectivores par excellence. Il faut voir par exemple le *Rouge-gorge*, ce délicieux petit être auquel les agriculteurs eux-mêmes font la chasse à la glu, au fusil ; il faut le voir parcourant les branches de l'olivier, avec une vivacité fébrile, se suspendant au fruit, scrutant sous les écorces ; lui seul peut conjurer le mal, et cependant vous ne pensez qu'à le détruire.

Vous êtes donc vous-mêmes, les auteurs de vos désastres.

Laissez-moi, à ce sujet et pour terminer mon travail, vous donner des extraits d'un livre fort intéressant publié par Henry Berthoud.(1)

Le grand Frédéric, furieux d'avoir vu les *Moineaux* dévorer ses cerises, ordonna la destruction de ces oiseaux et donna une prime. Le massacre fut général, on payait 6 pfennings par deux têtes de ces pauvres bêtes.

Qu'arriva-t-il ? les chenilles dévorèrent les récoltes et le grand roi prit un nouvel arrêté par lequel on allouait 6 pfennings par chaque paire de *Moineaux* importés.

Il est vrai qu'en automne cet oiseau dévore une certaine quantité de graines, mais c'est incalculable le nombre d'êtres malfaisants qu'il a fait disparaître pendant l'été.

En 1861, M. Bonjean exposait au Sénat les funestes conséquences de la destruction des oiseaux.

Plusieurs milliers d'insectes, disait le savant rapporteur, doués d'une effrayante fécondité, vivent exclusivement aux dépens de nos végétaux les plus précieux.

Le chêne robuste a pour ennemis le *Lucanus cervus* ou *Cerf volant* ; le *Cerambyx héros*, etc., etc.,

L'orme est perforé par les *Scolytes* destructeurs.

Les pins et sapins succombent sous les attaques des *Bostriches*, de la *Nonne* du *Scarabée*, typographe.

L'olivier voit son bois miné par le *Phloeotribus oleae*, tandis que ses fruits sont dévorés par les larves innombrables de la mouche (*Dacus oleae*).

La vigne résiste à peine, en certaines localités, aux ravages de la *Pyrale*.

Le blé et les autres végétaux sont attaqués dans leurs racines par le *Vèr blanc* (larve du *Hanneton*); sur

(1) Henry Berthoud (L'Esprit des oiseaux ; Tours 1867 f°s 36, 284 et suivants.

pied, avant la floraison, par la *Cécydomye* ; plus tard, quand il est en graine, par le charançon (*Calandra granaria*.)

Le colza et les autres crucifères ne comptent pas des ennemis moins nombreux. Plusieurs variétés d'insectes détruisent le plant à sa sortie de la terre, d'autres attendent que la silique soit formée pour y élire domicile et se nourrir aux dépens de la graine.

Les racines de toutes les légumineuses sont mangées par les *Courtillières*, tandis que la larve de la *Bruche* vit cachée dans les pois et les lentilles dont elle ne nous laisse que l'enveloppe.

De 1828 à 1837, dans 3000 hectares de vignes du Beaujolais, la *Pyrale* fit perdre 34.000.000 de francs. Il en fut de même dans la Côte-d'Or, la Charente-Inférieure et l'Hérault. La larve de la *Cécidomye*, aurait fait perdre en une année dans l'un des départements de l'Est 4.000.000 de francs sur les blés.

Pour le colza, on constata une année, que sur 20 siliques prises au hasard et devant fournir 504 graines, 296 graines seulement étaient saines.

En Allemagne, suivant Latreille, la *Nonne* (*Phalaena monacha*) a fait périr des forêts entières.

En 1810, on fut obligé, dans la même région, d'abattre et de détruire une forêt entière attaquée par les *Bostriches*.

« Dès le commencement des âges, dit M. Bonjean, « l'homme aurait succombé dans cette lutte inégale si « Dieu ne lui eut donné dans l'oiseau un auxiliaire puis- « sant, un allié fidèle qui s'acquitte à merveille de l'œu- « vre que lui, homme, ne saurait accomplir. Ce sont tous « les oiseaux purement insectivores, les *Grimpereaux*, « le *Pivert*, l'*Engoulevent*, le *Coucou*, les différentes « espèces d'*Hirondelles*, mais surtout les charmants « musiciens des champs désignés sous les expressions « collectives de *Petits-pieds* ou *Becs-fins*, *Rossi- « gnols*, *Fauvettes*, *Traquets*, *Rouges-gorges*, *Rouges- « queues*, *Bergeronnettes*, *Pipits*, *Pouillots*, *Roite-*

« *lets*, et le *Troglodite*, cet ami des chaumières, qui « tous à l'envi nous rendent d'inappréciables services, « services aussi gratuits que mal récompensés, parce « qu'on ne s'en fait pas une idée suffisamment exacte. »

A l'appui de ses dires, M. Bonjean cite une expérience faite par M. F. Prévost relativement au *Martinet*.

Dix-huit de ces oiseaux furent tués du 15 avril au 29 août à la fin de la journée, au moment où ils rentrent au nid.

Les insectes trouvés en débris dans leur estomac se montaient à 8690, ce qui donne pour chaque jour et pour chaque oiseau une moyenne de 483 insectes détruits.

Or, le *Hanneton* pond de 70 à à 100 œufs, bientôt transformés en autant de vers blancs, qui pendant au moins deux années, vivent exclusivement aux dépens des racines de nos végétaux les plus précieux.

Le *Charançon* du blé produit de 70 à 90 œufs, c'est-à-dire autant de larves devant dévorer au moins la valeur d'un épi.

La *Pyrale* dépose sur les feuilles de la vigne de 100 à 130 œufs, pouvant faire disparaître les bourgeons d'autant de grappes de raisins. Faites la part aussi large que vous voudrez aux autres causes naturelles qui auraient pu arrêter les ravages de ces insectes, réduisez autant qu'il vous plaira celle de l'oiseau, il en restera toujours assez pour justifier le mot profond d'un contemporain.

L'oiseau peut vivre sans l'homme, l'homme ne peut vivre sans l'oiseau.

En effet, qui pourrait, excepté le petit oiseau, guetter et atteindre ces œufs, ces larves, ces insectes souvent microscopiques dont une seule *Mésange* consomme plus de 200.000 en une année.

4. — Nichoirs artificiels

Il suit de ce qui précède qu'il faut accorder aide et protection aux petits oiseaux dont on commence à s'occuper sérieusement, et qui ont eu de si éloquents défenseurs dans le maréchal Vaillant, dans le sénateur Bonjean, comme nous venons de le voir, dans M. Payen et dans tant d'autres esprits distingués bien que moins en évidence.

Mais si nous devons empêcher leur destruction, il est indispensable aussi de faciliter leur reproduction.

Je recommande donc, comme dernier conseil, aux propriétaires d'oliviers désireux de combattre les ennemis de leurs arbres, de faire usage des nichoirs artificiels de MM. Anguste et Emile Burnat qui, de ce fait, ont obtenu sur le rapport de M. Payen, une médaille d'or de la part de la Société Centrale d'agriculture de France.

Dans certaines parties de la France ces nichoirs artificiels, dit le journal d'*Entomologie agricole* (une bonne et saine publication que je désigne à votre attention), dispensent les agriculteurs de l'échenillage (1).

La forme de ces refuges a subi des modifications et des améliorations successives ; des simples tuyaux en bois, bouchés aux deux bouts et percés d'un trou latéral, on en est arrivé à des nids en poterie vernissée à l'extérieur, afin de prévenir l'introduction des eaux pluviales.

« La forme des nichoirs, dit le journal en question, « est celle d'un cylindre creux de 42 centimètres de dia- « mètre intérieur, 45 de longueur, fermé des deux bouts « par une surface plane ; près de l'une des extrémités « existe une ouverture avec une petite porte cin-

(1) *Entomologie agricole*, (journal mensuel. Paris, librairie de Donnaud, édit., rue Corneille, n° 9, 10 fr. par an).

« trée de 6 centimètres de haut sur 3 centimètres de « large, ayant une légère saillie à la partie supérieure « afin d'abriter l'entrée. »

Ces nichoirs sont fixés à l'aide de deux ligatures en fil de fer sur une latte en bois de chêne, que l'on installe dans deux ramifications avec une pente de 25 à 30 centimètres, l'ouverture étant située vers l'extrémité supérieure. Ils sont fréquentés par des *Mésanges, Grimperaux, Rossignols* de muraille, *Becs-fins*, etc., etc.

Sans doute les moineaux chercheront à utiliser ces nids, mais il sera facile de s'en débarasser si on trouve qu'ils sont trop nombreux.

Si l'on éprouve des difficultés à se procurer les nichoirs en poterie de MM. Burnat, on peut utiliser ceux plus simples imaginés par M. Dorwall, inspecteur forestier de Vaud, dont M. Payen a fait aussi l'éloge. Les nichoirs de M. Dorwall, reviennent à 0.05 cent., ils consistent en un petit tuyau de bois garni de son écorce, coupé à l'une des extrémités suivant un angle de 45 centimètres avec l'axe, et fermé par une planchette qui dépasse de quelques centimètres afin qu'on puisse le clouer et le lier sur un tronc d'arbre, l'autre extrémité est également fermée par une planchette dans laquelle est pratiqué le trou d'entrée.

M. Victor Chatel, auteur de l'article que je viens d'analyser termine par ces mots si profondément vrais: *L'homme est à peu près impuissant contre l'insecte destructeur de ses récoltes, l'oiseau seul peut arrêter le mal.*

Celui qui protège l'oiseau, travaille donc à écarter la famine ; par contre, celui qui tue un petit oiseau, contribue à rendre le pain plus cher.

NOTES

—

I

ÉLEVAGE DE LA LARVE DES *Coléoptères, Phloeotribus oleae et Hylesinus fraxini*

Le 10 mai, (un peu tardivement), on élaguait les oliviers d'un champ situé aux environs de la gare de Cagnes, sur la droite de la route menant à Antibes ; les pauvres arbres en avaient grand besoin ; leurs branches noirâtres, au feuillage terne, ne laissaient entrevoir aucune promesse de récolte bien que dans le voisinage, tout, au contraire, se préparât à fleurir ; et pourtant la sève était abondante.

C'était jour férié, je pus donc examiner, à loisir, le travail opéré depuis l'avant-veille, date du commencement de l'opération qui était faite largement et méthodiquement ; sur le sol non cultivé gisaient, d'un côté les brindilles, de l'autre, le gros bois dont les dimensions ne dépassaient pas un mètre en longueur et trois centimètres de diamètre en épaisseur.

Les brindilles ne présentaient d'autres indices fâcheux que de nombreuses *Cochenilles* mortes ou mourantes dans leur linceul brunâtre. Pas de trace de l'invasion du *Phloeothrips* qui ne paraît pas exister dans ce quartier.

Quant au gros bois, il commençait à être fortement attaqué par le *Phloeotribus oleae* ou *Neïron* et par l'*Hylesinus fraxini* que les agriculteurs confondent généralement avec le *Neïron*. Les femelles du *Neïron* avaient déjà choisi leur point d'entrée et disparaissaient presque en entier dans le trou perpendiculaire, les mâles circulaient encore sur le bois coupé, leurs antennes foliacées en avant ; certains d'entr'eux avaient suivi leur femelle dans les galeries, on les voyait l'un et l'autre repoussant au dehors de leur tunnel respectif, aboutissant au même orifice, sous forme de petits vermicelles onctueux d'un blanc jaunâtre, la sciure mêlée au produit de leurs excréments.

A la partie la plus grosse du bois, vers les points surtout où une branche coupée l'année précédente dans un élagage évidemment insuffisant avait provoqué le durcissement, la mort même de l'écorce, des couples d'*Hylesinus fraxini* procédaient au même travail que les *Phloeotribus* ; leur trou était facilement reconnaissable à son ouverture d'un diamètre plus gros, prenant presque toujours naissance dans le bois mort, et à la couleur de la sciure, d'une teinte foncée due à la vitalité moins grande du milieu traversé par l'insecte.

Ce qu'il y a de très-remarquable, ce qui fait ressortir d'une manière frappante combien est intelligent le besoin de conservation de l'espèce chez les insectes, c'est que sur une branche d'élagage d'un mètre de longueur débarrassée de ses ramilles, le premier tiers à partir du sommet était exempt de piqûres : il y aurait danger en effet pour la femelle à confier ses œufs, qui ne doivent aboutir à l'insecte parfait que dans un espace de temps variant entre 50 et 60 jours, à un bois qui en raison de son peu d'épaisseur, se dessèchera trop facilement; le deuxième tiers était bourré de couples de *Phloeotribus* avec quelques rares *Hylesinus* dans le voisinage des points où une branche avait été coupée l'année précédente ou courbée avec éraillement et mort de l'écorce ; quant au troisième tiers, celui dont le diamètre est le plus gros, il était le domaine presque exclusif de l'*Hylesinus* qui étant d'une taille double de celle de son voisin, a besoin de plus d'espace pour le développement de sa progéniture.

D'où viennent tous ces *Xylophages* se réunissant à un moment donné, d'un commun accord, sans rivalité bien que de genre différent, de taille différente, pour atteindre le même but ? ils viennent évidemment des arbres élagués où doit revenir nécessairement le fruit de leur union. C'est ce que ne comprennent pas assez les cultivateurs ; ils se rendent bien compte de la venue sur les branches provenant de l'élagage du *Neïron*, (car pour eux ainsi que je l'ai déjà dit, il n'existe qu'une seule espèce composée d'individus plus ou moins grands) ; ils assistent bien au travail de destruction opéré par l'insecte, sans en connaître le but, mais presque tous ceux que j'ai interrogés m'ont semblé étonnés lorsque je leur ait fait connaître que l'invasion des bois d'élagage n'était qu'une opération préparatoire très-utile à surveiller, et que le véritable danger commençait lorsque la ponte étant arrivée à bonne fin, les jeunes insectes qui en provenaient, n'ayant plus autour de leur berceau que du bois desséché, s'élançaient comme leurs parents l'avaient fait pour attaquer, jusqu'à la saison prochaine, les arbres sur pied, au point de compromettre gravement la récolte des olives.

Je leur citais un fait des plus probants dont j'avais été témoin l'année précédente. Le 16 juin, on coupait à Cannes sur la vieille route du Cannet un olivier très-gros, très-vieux, assez vigoureux cependant ; cela faisait pitié de voir sur le sol ces branches ayant à leur extrémité quelques bouquets de fleurs; mais la fureur de l'achat des terrains était dans son plein ; l'arbre gênait il fallait le faire disparaître ; chacune des petites branches présentait au-dessous du point d'attache à une branche plus grosse, des galeries assez profondes toutes à jour, desséchées, noircies même, vernies de gomme-résine qui avaient dû donner asile, les plus grandes à des *Hylesinus*, les plus petites à des *Phloeotribus*. Sur des brindilles même, des *Phloeotribus* s'étaient contentés de creuser des trous perpendiculaires, s'arrêtant à l'aubier, pour recommencer à côté ; c'était tellement l'œuvre de ces deux insectes que dans les galeries se trouvaient encore quelques débris d'elytres et même des insectes entiers, mais morts par une cause quelconque, dessèchement, attaque d'oiseaux, etc., etc., mais nulle part, des insectes vivants ; pourquoi, parceque cet arbre devant être abattu, arraché, on ne s'était pas donné la peine de l'élaguer en temps utile, c'est-à-dire dans les premiers jours du printemps (avril, mai), et que les *Neiron* et les *Hylesinus* qui l'habitaient en grand nombre, voyant le moment de la ponte approcher et ne voulant pas déposer leurs œufs dans un milieu trop riche en sucs qui auraient pu noyer les jeunes larves, avaient quitté l'arbre qui les avait nourris jusqu'alors, pour aller chercher dans le voisinage et peut-être au loin, du bois d'élagage, fait dans des conditions hâtives.

Il est donc évident, indiscutable que le *Phloeotribus* et *Hylesinus* ne quittent l'olivier vivant que pour aller faire leur ponte de printemps de préférence dans les bois d'élagage, et que la génération nouvelle retourne à l'arbre sur pied pour l'attaquer dans ses parties les plus délicates, c'est-à-dire à la naissance des branches et au-dessus du point d'attache, et pour y procéder selon toute probabilité à de nouvelles procréations, sur ce bois vivant mais malade.

La suite de mon étude nous démontrera l'exactitude rigoureuse de cette observation essentielle d'où découlent les moyens de défense.

Après avoir longuement examiné mon champ d'expérience, après avoir déchiqueté un grand nombre de branches, je m'en suis procuré un fagot que j'ai fait transporter chez moi, afin d'étudier l'éclosion avec plus de soin ; ces branches coupées en tronçons et enfermées, ont été visitées tous les huit jours ; le travail de destruction marchait rapidement, la sciure agglutinée se déroulait en longs vermicelles ; chaque couple travaillait avec ardeur aux deux galeries latérales situées l'une à droite, l'autre à gauche du puits d'entrée, se détournant brusquement lorsqu'il sentait l'approche d'un voisin ; car ils étaient nombreux les infatigables mineurs sous bois.

Jamais je n'ai vu un insecte sortir au jour : de temps en temps seulement, secouant la sciure accumulée, j'apercevais à l'orifice du trou un des ouvriers repoussant, à reculon, au dehors la sciure venant souvent de fort loin, car les galeries n'ont qu'une sortie, celle d'entrée; certains de ces cheminements ayant été ouverts, m'ont donné lieu de remarquer que les deux sexes, chacun de leur côté, travaillaient sans relâche, repoussant les détritus, soit avec leurs pattes, soit, ce qui est pour moi une supposition en même temps qu'une presque certitude, au moyen des râteaux à trois lames ou trois doigts qui forment leurs antennes, et qui au jour, portés en avant d'une manière disgracieuse vu leur longueur proportionellement au corps, sont ramenés sous la poitrine dans les galeries ; je constatai aussi qu'au milieu de chacune de ces galeries existaient des espèces de crans, de niches, 8, 10, 15 et même plus, j'en ai compté jusqu'à vingt, dans chacune desquelles était déposé un œuf enveloppé de sciure. Ces amorces sont disposées de manière à ce que contrairement à l'opération des parents, les jeunes larves puissent côte à côte, travailler dans le sens des fibres, en se dirigeant les unes vers le sommet de la branche, les autres vers sa base.

Le 5 juin, c'est-à-dire 25 jours après l'arrivée des couples sur les bois d'élagage, les œufs étaient éclos et les jeunes larves blanchâtres et apodes commençaient déjà à se tracer un chemin en ligne perpendiculaire à la galerie centrale.

Le 30 juin la sciure expulsée des bois d'élagage servant à l'expérience avait perdu sa teinte claire, sa cohésion ; elle était devenue plus rare et presque brunâtre ; il était évident que le travail intérieur des parents avait cessé ; en effet, à chaque trou d'ouverture on voyait dans le petit tas de sciure brune, proéminer à moitié sorti à reculon, le corps mort d'un *Phloeotribus* ou d'un *Hylesinus*.

Mais lorsque pendant le fort du travail de la ponte il y avait dans les galeries deux ouvriers, au moment de la mort il n'y en avait généralement qu'un ; j'ai pu constater en effet, que laissant les mâles gardiens des tunnels faits en commun, les femelles étaient sorties pour pondre à côté dans d'autres galeries simples peu profondes, et que quelques unes d'entre elles, ou trop fatiguées, ou trouvant le bois déjà trop durci, étaient mortes dans le trou perpendiculaire avant d'avoir pu commencer la galerie.

Il est donc bien démontré qu'à la fin de juin, il ne doit plus y avoir sur les bois d'élagage ni *Phloeotribus*, ni *Hylesinus*, et qu'il ne doit plus exister alors, sauf de rares exceptions, dans ces bois que des larves préparant la nouvelle génération.

Ces larves ne travaillent pas de la même manière que leurs parents; au lieu de repousser au dehors le produit de leur percement, qui est opéré non pas dans l'aubier mais entre l'aubier et l'écorce et dans le sens des fibres, elles l'accumulent derrière elles se fermant ainsi tout retour en arrière.

Il résulte de ce qui précède, que, si on veut absolument conserver pour être utilisées ultérieurement les grosses branches d'élagage ayant servi de nid, de piège, pour le *Keiron* et l'*Hylesinus*, on peut dans le cas où on n'aurait pas la facilité de les flamber énergiquement ou de les faire longuement tremper dans l'eau, se contenter de les écorcer, dès qu'on voit que la sciure de bois expulsée est moins abondante et moins claire de teinte. Afin de ne rien avoir à craindre, ces écorces seront brulées sur place, et les branches ainsi mises à nu, devront être passées au feu ou exposées au gros soleil. J'ai déjà insisté sur ce point ; ces soins sont méticuleux, j'en conviens, mais comme ils sont de nature à conjurer en grande partie le mal, on ne doit pas hésiter à en faire emploi.

A la fin juin, les parents de *Phloeotribus* et d'*Hylesinus* qui servent à notre expérience depuis le 10 mai avaient donc terminé leur mission, ils étaient morts en défendant, encore par leur corps, le berceau de leur progéniture ; nous verrons de dix en dix jours ce que deviendront les larves.

Le 10 juillet suivant, la situation ne s'était pas sensiblement modifiée, les larves de *Phloeotribus* avaient poussé en avant, grossi ; elles paraissaient cependant approcher du moment de leur transformation, car leur corps, d'un blanc de lait précédemment, tendait à devenir jaunâtre.

Le 16 juillet, ayant examiné mes bois d'élagage, je les ai trouvés perforés de petits trous ronds, nets, sans obstruction de corps morts, sans sciure pour ainsi dire, c'étaient évidemment des trous de sortie, et l'éducation de mes larves de *Ploeotribus* et d'*Hylesinus* commencée le 10 mai, prenait fin vers le 16 juillet ; c'est-à-dire que l'opération de la ponte et celle de l'éclosion avaient duré plus de deux mois; donc en flambant, noyant ou écorçant les bois d'élagage vingt jours, un mois au plus, après qu'ils ont été séparés du tronc, on est certain de détruire toutes les nichées.

Ayant écorcé une de mes branches d'expérience, je l'ai trouvée remplie de larves, de nymphes, d'insectes immatures et d'insectes prêts à sortir; les *Phloeotribus* étaient au nombre de dix à vingt par couple de parents, les *Hylesinus* éclos en même temps n'étaient qu'au nombre de cinq à six.

C'est à ce moment de leur existence qu'il est possible de se rendre bien compte des nuances délicates, et si finement variées de la robe de ces insectes.

Mais comment la nouvelle nichée va-t-elle se comporter à l'égard de l'arbre vivant ? J'en ai déjà eu des preuves lors de mon excursion à Cannes et surtout dans celles que je viens de faire les 7, 14 et 24 juillet aux environs de Nice; il m'est déjà démontré que l'insecte parfait attaque avec acharnement les jeunes pousses.

C'est cette attaque et la question si intéressante de l'accouplement qu'il me reste à étudier.

A cet effet, j'ai mis un grand nombre de *Phloeotribus* et d'*Hylesinus* nouvellement éclos dans une vaste vitrine garnie de jeunes branches d'oliviers pleines de sève. A peine installés, mes insectes, n'ont nullement songé à l'accouplement; ils se sont précipités sur les branches et se sont mis immédiatement à leur œuvre de destruction, s'adressant principalement à l'entrecroisement des branches, soit en dessous, soit à la jonction intérieure.

A partir du 16 juillet, mes observations ont été journalières; les *Phloeotribus* éclos entraient par douzaines dans la boîte à expérience, leur activité était extrême; mais ils s'évitaient par des petits vols saccadés, plutôt que de se rechercher.

Mes observations ont cessé le 18 août suivant; à ce moment tous les *Hylesinus* et *Phloeotribus* étaient éclos et morts sans que j'eusse assisté à un accouplement, sans qu'aucune larve nouvelle fut apparue.

II

Elevage de la larve du *Coléoptère*, *Cionus fraxini* et de la chenille du *Lépidoptère*, *Margarodes unionalis*.

Le 3 juillet, sur la croupe exposée à l'est d'un des vallons profonds qui avoisinent Nice, on avait coupé au ras du sol, un certain nombre d'oliviers.

Du pied des arbres, s'élançaient de nombreuses pousses dont les extrémités fanées, déchiquetées, les feuilles à moitié dévorées dénonçaient suffisamment les auteurs du dégât.

En quelques minutes, armé de mon parapluie de chasse, j'ai eu la satisfacation de débarrasser ces jeunes pousses de 105 *Cionus fraxini*, sans compter les larves, et de 65 *Peritelus Schaenherri* qui, sur ce point, remplacent le *Peritelus Cremieri* du Fabron.

Je suis persuadé que mon opération aura été très profitable aux jeunes pousses du champ en question, que j'ai le regret de n'avoir pas visité plus tôt.

J'ai capturé aussi sur ces rejetons, en assez grand nombre, une chenille verte excessivement vive que j'ai élevée et qui est celle du *Margarodes unionalis*; elle ne circule que la nuit et s'enferme pendant le jour dans une espèce de nid, à tissu assez clair, qu'elle se forme en unissant plusieurs feuilles avec des fils.

Dans la même région, j'ai trouvé aussi près d'un gros monceau de brindilles desséchées, qu auraient dû être brûlées depuis longtemps, quelques grosses branches d'élagage contenant de nombreuses larves de *Ploeotribus* et d'*Hylesinus* prêtes à éclore; tous les trous d'introduction étaient déjà obstrués par les cadavres protecteurs des parents.

Cet abandon de branches coupées et habitées, sur des terrains plantés d'oliviers, est une preuve flagrante de la négligence des propriétaires.

Du reste, ce quartier, dont je ne crois pas devoir donner le nom, me paraît nécessiter une attention toute particulière, et il est d'autant plus facile de porter remède au mal, que les oliviers y ont des dimensions moyennes qui permettent de les surveiller on est donc coupable au dernier chef de les laisser en pareil état couverts de branches mortes. C'est sur ce point que l'action des Inspecteurs des premiers âges serait utile.

Ces côteaux, exposés au levant, sont dans de bonnes conditions de production rémunératrice ; il est évident que si les agriculteurs qui les exploitent, semblent découragés, c'est qu'ils n'ont pas pris dans le début les précautions conservatrices nécessaires. L'olivier est attaqué par tant d'ennemis qu'on doit, ou en abandonner la culture, ou se décider à prendre les mesures nécessaires pour le préserver de tout danger.

Deux autres visites faites, dans le même quartier les 17 et 24 du même mois, m'ont permis de recueillir sur ces pousses d'oliviers, si mal soignés, une nouvelle provision de *Cionus* et de *Peritelus* à l'état d'insecte parfait, beaucoup de chenilles du *Margarodes* et un grand nombre de larves du *Cionus*, que j'ai élevées dans le but d'obtenir et de déterminer exactement les parasites.

Les chenilles des Margarodes *très-vives, d'un vert blanchâtre; surtout à leur extrémité qui est aplatie et fourchue, jaunâtres vers la tête,* se sont transformées rapidement, soit sur le fond de la boîte, soit dans une feuille. *La chrysalide est allongée, d'un jaune brun doré, très-visible sous quelques fils*; en cinq ou six jours au plus elle prend une teinte cuivrée et donne naissance à une délicieuse Pyralite *aux antennes filiformes, presque aussi longues que le corps ; aux yeux noirs et gros ; au double bec pointu ; à l'abdomen relevé, aux ailes d'un blanc laiteux, irisé, avec la bordure supérieure des premières d'un jaune brun rappelant la couleur de la chrysalide ; cette bordure se confond avec le devant de la tête, enclavant les yeux.*

Certains individus proportionnellement plus grands ont un V *noir marqué en dessous, vers les derniers anneaux de l'abdomen, ce sont des mâles. Les pattes du milieu des deux sexes ont à l'intérieur une espèce de grande épine blanche, régulière de forme, celles postérieures en ont deux.*

On élève très facilement ces chenilles avec des feuilles de lilas à défaut de feuilles d'oliviers.

Dans mon excursion du 24 juillet, comme, en raison de la chaleur, j'étais parti en chasse à 3 heures du matin, c'est-à-dire avant le lever du soleil et le coucher de la comète, les chenilles des *Phalènes* et *Tinéides* n'étaient pas encore rentrées dans leurs abris du jour ; j'ai donc pu en faire une ample provision et constater combien ces chenilles sont abondantes et par conséquent dangereuses pour les plantations.

Quand aux *Cionus*, voici le résultat de l'éducation de cinq larves transformées en coques transparentes, appliquées sous des feuilles. J'ai obtenu seulement deux insectes parfaits ; les trois autres coques m'ont donné 15 *Hyménoptères* parasites formant un genre et deux espèces. La dénomination provisoire de ces parasites figure au chapitre des amis de l'olivier. Une des deux espèces s'est accouplée fréquemment et avec une grande animation. Il m'a été donné aussi de noter qu'après avoir vécu ensemble en bonne intelligence, à l'état de larve, dans la même coque, ces *Hyménoptères* devenues insectes parfaits, sont très disposées à s'entre-dévorer.

Ayant pu obtenir dans une même vitrine 20 *Margarodes unionalis*, j'ai pu relever, ainsi que je l'ai déjà dit, que les individus, ayant un V noir sous l'abdomen, sont des mâles, et que ce sexe est généralement plus nombreux, plus grand et plus vif que l'autre ; de temps en temps l'abdomen du mâle se dilate, il présente alors l'aspect d'une couronne à trois dents ; les deux des côtés sont formées de plumes noires, celle du milieu doit être l'organe de copulation. A la mort, l'abdomen dilaté à son extrémité paraît à peu près noir. Je n'ai assisté à aucun accouplement, mais il y en avait eu pendant la nuit, puisque, sans que j'aie pu découvrir les œufs, la boîte fourmillait de petites chenilles verdâtres, très-vives que je n'ai pu élever ; ces chenilles sortaient évidemment de plaques jaunâtres déposées au fond de la boîte. L'une des chenilles de *Margarodes*, sur le point de se transformer, s'était retirée sous une feuille ; deux ou trois jours après, la peau était au fond du berceau, et à sa place brillait une superbe pupe rouge de *Diptère* ; ce *Diptère* que j'ai obtenu et qui est le *Phorocera picipes*, est une mouche noire poilue un peu plus courte que notre mouche commune, et il est incontestable qu'elle est parasite du *Margarodes unionalis*.

J'avais recueilli aussi sur les mêmes pousses d'olivier, plusieurs chenilles de *Géomètres* ressemblant d'abord à des bâtons gris, puis en grossissant, à des bâtons d'un jaune brun ; nourries avec du lilas, je les ai vues se rassembler en rond sur le fond de la boîte et s'y transformer en une chrysalide d'un brun noir, avec couverture plus claire, lourde, triple de celle du *Margarodes* ; huit jours après est sorti le *Papillon* décrit par M. Millière dans son Iconographie ; sous le nom de *Boarmia umbraria*.

III

Elevage des larves du *Dacus oleæ*, ou *Keïron* et de ses parasites, (*Eulophus pectinicornis*, *Eurytoma N.*, *Ephialtes divinator, etc., etc.*)

Le six septembre j'ai reçu de la vallée du Paillon une première provision d'olives nouvelles attaquées par le *Keïron* et cueillies le quatre du même mois.

Il y avait dans l'envoi, deux espèces de fruits ; l'une d'un vert sombre, allongée, un peu tordue ; l'autre plus petite, plus régulière de forme et d'un vert plus jaunâtre. Dans toutes les olives, la pulpe encore épaisse contenait très-peu d'huile; la piqûre de la mouche y était à peine visible, mais le travail intérieur de la larve se manifestait déjà par une teinte différente, moins brillante sur les parties minées, et par une certaine mollesse, un certain affaissement sur le trajet des galeries.

Un petit nombre de ces fruits présentait un trou de sortie noirâtre ; ce trou avait été pratiqué par la larve prête à éclore qui, sentant son berceau détaché de l'arbre depuis déjà deux jours, l'avait quitté. Nulle part, trace de pupes ou chrysalides vides, l'éclosion n'avait pas encore commencé, mais le terme fixé par la nature approchait. Si dans quelques unes des olives ouvertes le six, j'ai trouvé des larves de toutes grandeurs, (larves allongées cylindriques et d'un blanc mat) ; j'en ai trouvé aussi, qui après avoir préparé leur issue, s'étaient retirées de quelques millimètres pour se transformer en pupe.

De l'examen des galeries creusées par la larve, il est résulté pour moi la conviction qu'aussitôt après son éclosion, elle s'avance résolument dans l'épaisseur du fruit, contournant le noyau, puis, qu'elle revient sur ses pas, élargissant son chemin pour sortir par le trou d'entrée.

Dans quelques olives, la larve du *Dacus* était morte, noire, ou avait disparu ; on n'en voyait que des vestiges informes et à sa place, soit une petite larve blanche un peu pointue par ses deux extrémités, transparente, à noyau noir, soit un petit barillet, chrysalide rudimentaire, d'un blanc mat avec l'une de ses extrémités indiquant une tête, soit enfin une délicieuse momie à tête carrée, d'un brun marron mat d'abord, d'un vert noir métallique ensuite, caractérisant la dernière transformation d'une larve d'*Hyménoptère* parasite du *Keïron*. Nous allons suivre jour par jour et parallèlement l'éclosion des deux insectes ; et pour cela nous isolerons les pupes et les momies afin de nous assurer si comme pour le *Cionus fraxini*, le parasite sort de la pupe du *Dacus*, ou s'il se transforme exclusivement dans l'olive, après avoir vécu de la larve de la mouche.

Notre élevage a commencé le six septembre.

Le neuf septembre dans la matinée, est éclos le premier *Dacus* (un mâle). En admettant que la ponte ait eu lieu vers le 15 août, il se serait donc passé vingt-cinq jours entre cette ponte et l'éclosion de l'insecte ; ce qui permet d'établir que pendant les années où l'hiver tarde à arriver, il puisse y avoir avant l'hiver jusqu'à trois générations.

La mouche, après avoir détaché une petite calotte du barillet où elle se reposait à l'état de nymphe depuis quelques jours, est sortie complète mais molle avec ses ailes réunies, chiffonnées en vrille le long du corps, comme avortée, incolore excepté en ce qui concerne les yeux qui sont d'un bleu de ciel ; sur le devant de la tête est une vessicule jaunâtre que j'ai de la peine à m'expliquer, car je ne suis qu'observateur et non *Diptérologiste.*

Petit à petit elle a pris de la couleur, de l'activité, mais il a fallu quarante-huit heures avant qu'elle ait étendu ses ailes horizontalement et qu'elle ait commencé ses promenades saccadées, tournoyantes qui la caractérisent.

Pendant l'opération de sa toilette, j'ai pu voir à mon aise ses antennes courtes lourdes, en forde faux, ayant chacune une soie extérieure, les deux points noirs de sa face, la croix vague et les raies noires verticales, sur fond bleuâtre de son thorax terminé par un écusson blanc arrondi

Dans la même journée est éclos de la plus grosse des momies un *Hyménoptère* qui m'a rendu témoin de toutes les phases de sa naissance.

La tête d'abord s'est dégagée, puis le thorax et les premières pattes, que l'insecte a mises en œuvre, (œuvre des plus pénibles), pour obtenir les autres, et avec leur aide, pour dégager l'abdomen de son noir linceul ; enfin, sont venues les antennes qui possèdent chacune leur gaîne particulière. Pendant une bonne heure l'*Hyménoptère* fait sa toilette, une toilette des plus compliquées.

J'ai pu constater que ses antennes sont assez lourdes de forme, composées de cinq gros articles d'un vert sombre sur un pédoncule léger et articulé, qu'elles sont insérées côte à côte au milieu du front, que son corps en dessus et en dessous est d'un vert pointillé, métallique, que son abdomen est terminé en pointe (c'est une femelle), et que ses cuisses vers le milieu, et ses pieds, sont d'un vert noir tandis que tout le reste est blanchâtre ; l'insecte tient ses ailes continuellement allongées et croisées sur son abdomen qu'elles dépassent sensiblement ; son vol est saccadé.

et très grand, son abdomen arrondi et court, jaunâtre taché de noir sur les côtés, enfin la petite tache noire de l'extrémité de ses ailes.

Le dix septembre, éclosion de trois autres mâles de *Dacus* ; (les femelles sont retardataires). Ces insectes s'évitent et semblent disposés à se combattre ; après une journée de jeûne, ils abordent en s'y empêtrant, l'eau sucrée et le raisin écrasé que je leur ai offerts, mais ce qu'ils préfèrent, ce sont les larves mortes qui se trouvent dans la vitrine ; ils promènent sur leur corps desséché et noirci, leur trompe charnue, espèce de vessie jaunâtre, toujours en mouvement et émergeant entre deux lèvres de même couleur et de même nature.

Les quatre mâles de ma vitrine semblent inquiets, ils cherchent dans tous les coins et recoins, tombent parfois en arrêt devant l'un de leur pareils, et se détournent désappointés ; comme chez toutes les mouches, les crochets et les pelotes en ventouses de leurs pieds les mettent à même de se tenir accrochés au verre de la vitrine, et de circuler avec une grande vivacité sur cette surface si glissante.

A la nuit, comme du reste au au repos, la mouche a ses ailes allongées sur l'abdomen tout en étant un peu écartées l'une de l'autre.

Le onze est éclose la première femelle de *Dacus*.

Cette femelle est généralement plus grosse que le mâle ; son abdomen est plus volumineux avec trois bandes noires interrompues

Le dix septembre, grande éclosion de parasites, j'obtiens ce jour-là, une seconde femelle semblable à la première, mais plus petite ; plus deux mâles de la même espèce, l'*Eulophus pectinicornis* ? sans doute.

Le mâle plus petit, plus svelte que la femelle s'en distingue par son abdomen arrondi d'un vert noir vers son extrémité, blanchâtre à son sommet, et surtout par ses antennes qui sont très-curieuses.

Elles présentent, en effet, sur leur face extérieure trois branches toujours en mouvement et de longueur inégale, puisque plantées à des hauteurs différentes elles viennent faire pinceau avec la branche principale, ce qui explique pourquoi certains observateurs ont prétendu que ce mâle avait huit antennes ; tout cet appareil compliqué est couvert de poils noirs.

La mise à jour de ces antennes est pour l'insecte un tel travail que souvent il lui faut une journée entière pour les dégager complètement.

En ouvrant de nouvelles olives venues de tous les points du département, j'ai trouvé sur le corps des larves de *Dacus* noires et mortes d'assez nombreuses petites larves d'*Hyménoptères*, des nymphes en préparation et même des insectes parfaits prêts à sortir.

Décidément ce parasite ne se

au milieu par la couleur dominante de l'insecte, le *testacé*. Cet abdomen est terminé en dessous par une tarière courte à extrémité noire ,coupée carrément. Le dessous est testacé ,sauf la poitrine qui est brunâtre. L'insecte étant piqué développe sa tarière comme si avant de mourir, il voulait obéir aux lois de la nature; il en sort un second tube transparent un peu renflé à son extrémité, dans lequel s'emboite, un 3e tube terminé en pointe très-aiguë et rougeâtre précédée d'un renflement ; le tout a comme longueur, les 2/3 de celle de l'insecte entier.

Mes mouches n'avaient pas été fécondées, c'est pour cela sans doute que de leur tarière, des œufs ne sont pas sortis, comme il en sortait des tarières de toutes les lucioles femelles que j'ai capturées.

Pendant plus d'une semaine j'ai conservé dans une grande vitrine des mâles et des femelles de *Dacus* en grand nombre sans qu'il m'ait été donné d'assister à des accouplements ; les femelles recherchaient les mâles qui semblaient redouter leur approche.

J'ai remarqué que cette mouche est assez friande de matières animales, larves mortes, viande fraîche, comme aussi de raisins et d'eau sucrée.

J'ai remarqué enfin que les femelles n'ont jamais paru se préoccuper des olives fraîches que j'avais mises à leur disposition, cela s'explique, ces femelles n'étant pas fécondées.

Là, se sont arrêtées mes remarques personnelles concernant le *Dacus oleae*.

comporte pas comme celui du *Coléoptère Cionus fraxini*, sa larve ne fait pas sa demeure, de celle du *Dacus*, car de très-nombreuses pupes dont j'ai surveillé l'éclosion, il n'est sorti aucun *Hyménoptère* ; mais le parasitisme est certain ; du reste, le parasite du *Cionus*, ayant à faire à une larve dont la vie est extérieure, ne peut s'adresser qu'à elle.

Le 15, il m'est né de mes momies un *Hyménoptère* parasite du *Dacus* d'une nouvelle espèce. Cet insecte complétement d'un mat chagrin avec extrémité des cuisses et pieds jaunâtre pour les deux premières paires, blanc pour la dernière paire, lent de démarche, est remarquable par la longueur de ses antennes qui atteignent presque les 2|3 de la dimension du corps ; elles sont dentées et couvertes de poils, les yeux sont roux, l'abdomen est aigu, les ailes dépassent à peine l'abdomen ; ce doit être une femelle.

Il m'est à peu près prouvé que cet *Hyménoptère*, (un *Eurytoma*) ainsi que l'*Eulophus*, ne pique l'olive que lorsqu'il la voit bien certainement atteinte par le *Dacus* et que la larve a acquis un certain développement ; le parasite étant éclos va chercher la larve dans la galerie et la tue ; celle-ci devient noire sans se dessécher ; on trouve collées sur elle, les larves de son ennemi ressemblant à de petites sangsues blanches.

Insectes nuisibles des Alpes-Maritimes

2me FASCICULE

LE FRELON (VESPA CRABRO)

ET

SON NID

LES HYMÉNOPTÈRES

ὑμήν (membrane) et πτερόν (aile)

LF FRELON (Vespa Crabro)

L'ordre des *Hyménoptères* fait partie de la 5e division des animaux de la création; il occupe le premier rang dans la nouvelle classification des insectes, basée sur le nombre de leurs ailes et sur la forme de leurs appendices buccaux.

Les *Hyménoptères* (1) se reconnaissent facilement, dit le professeur Desplats, à leurs quatre ailes membraneuses non réticulées ; *la tête et l'abdomen* sont distinctement séparés du *thorax* ; outre les *yeux* composés, ces insectes ont trois *yeux* simples disposés en triangle entre les *yeux* composés ; la *lèvre* supérieure et les *mandibules* sont conformées pour broyer, tandis que les *machoires* et la *lèvre* s'allongent et portent des *palpes* qui réunis en faisceau, forment une sorte de trompe propre à la succion.

Ces insectes subissent des métamorphoses complètes, c'est-à-dire que de l'œuf pondu par la femelle dans le milieu susceptible de l'abriter, naît une *larve* qui arrive à l'état *d'insecte parfait* après avoir passé par celui de *nymphe*.

Les *Hyménoptères* se divisent en *Hyménoptères*

(1) Professeur Desplats (Paris 1878).

térébrants ou à *tarière* et *Hyménoptères porte-aiguillons.*

Les *Cynips,* les *Ichneumons* sont des *Hyménoptères térébrants* ; ils déposent généralement leurs *œufs* dans les tiges ou sur les feuilles des végétaux ; l'un d'eux le *Cynips* du chêne provoque par sa piqûre, sur les feuilles de cet arbre, ces excroissances connues sous le nom de *noix de galle,* qui sont destinées à servir de berceau à la *larve* de l'insecte ; un autre *Cynips* pique les nervures des feuilles du hêtre et dépose son *œuf* dans cette blessure autour de laquelle la sève abondant, forme un petit potet d'une rose jaune dans lequel l'*Hyménoptère* trouve nourriture et abri jusqu'au moment où, ayant accompli ses transformations, il sort en pratiquant un trou rond.

L'*Hyménoptère* dont nous allons décrire les mœurs fait partie de la subdivision des *porte-aiguillons* ; cette subdivision comprend les *Abeilles,* les *Mélipones* essentiellement américains, les *Bourdons,* les *Guêpes* et les *Fourmis.*

Tout le monde connaît l'industrie merveilleuse déployée par les *Abeilles* et les *Fourmis* ; on sait moins que les *Bourdons* jouent un rôle très-important dans la fécondation des fleurs ; ce sont eux en effet qui, dans la recherche incessante qu'ils font du *nectar,* recueillent forcément sur les différentes parties de leur corps, le *pollen* reproducteur fourni par les *anthères* des *étamines, pollen* qu'ils ont pour mission de déposer sur le *pistil* de la fleur où ils ont récolté la semence, ou sur les fleurs voisines. (1)

Quant aux *Guêpes,* la crainte salutaire, mais exagérée qu'on ressent à leur approche, la connaissance que l'on a, que n'étant pas *méllifères,* on ne peut en

(1) Voir les travaux du naturaliste anglais Darwin, et l'ouvrage traduit de l'Anglais par Edmond Barbier (Paris-Reinwalt et Cie, 15,rue des Saints-Pères) :

« *Les insectes et les fleurs sauvages, leurs rapports réciproques* » *Par sir John Lublock.*

tirer aucun parti industriel, ont rendu moins générale la notion de leurs mœurs si intéressantes cependant, mais qui ne sont véritablement connues que des amateurs sérieux des mystères de l'histoire naturelle.

Les *Polistes* ne produisent qu'un seul gâteau sans enveloppe, composé d'alvéoles en petit nombre, et généralement attaché par l'un des côtés aux branches des arbres et des plantes.

Les *Vespides* au contraire, vivent en famille plus ou moins nombreuse; mais ces insectes diffèrent des *Abeilles* en ce que leur association n'a qu'une durée de quelques mois, de mai à novembre, suivant les régions.

M. de Saussure, qui s'est beaucoup occupé des *Guêpes* en général et des *Vespides* particulièrement, classe leurs nids en nids *Phragmocyttares* exclusivement américains, et en nids *Stélocyttares*. Les nids *Phragmocyttares* présentent dans leur intérieur une ou plusieurs chambres séparées par des cloisons perforées supportant les rayons, sans qu'il existe aucun espace libre entre ces rayons et l'enveloppe ; j'en possède un exemplaire très-curieux ; ce nid ressemble extérieurement à une énorme toupie de trente centimètres de diamètre, solidement attachée à l'entrecroisement de deux branches ; au dessous du nid est un trou rond parfaitement garanti contre le vent et la pluie ; l'enveloppe d'un gris cendré, semble être faite en papier mâché d'une grande finesse.

Dans les nids *Stélocyttares*, la muraille extérieure est indépendante des rayons, lesquels sont soutenus par des pièces spéciales ou piliers.

Les nids de nos *Vespides* sont compris dans cette seconde catégorie comme, du reste, tous ceux des *Guêpes* d'Europe.

Ceci exposé, nous arrivons à la description du nid des *Vespides* qui nous a été communiqué par M. le comte Blancardi, lequel n'en est pas à sa première découverte, et dont je ne puis trop louer la tendance à s'occuper d'une manière intelligente et réfléchie de tout ce qui a trait à la nature, et surtout de ce qui se lie à l'agriculture.

On connaît les études intéressantes de ce propriétaire de Sospel, sur les maladies de la vigne et des autres végétaux, et sur celles des vers à soie ; il est l'auteur d'un procédé de destruction du *Phylloxera* qui dénote de sa part, un grand désir d'être utile à ses concitoyens. Le nid que nous a présenté M. le comte Blancardi est un bel échantillon de l'industrie improductive du *Frelon* (*Vespa crabro* de Linné) ; j'en avais déjà admiré un d'aussi belle venue et provenant de la même source, dans le cabinet de M. Darcy, ancien préfet des Alpes-Maritimes ; je sais qu'il en existe un autre au musée de Menton ; c'est le cinquième, paraît-il, que M. le comte Blancardi a pris depuis 1875 (1), et à l'importance de ces Phalanstères, au nombre vraiment phénoménal (plus de 3.000) de leurs habitants, connaissant les dégâts qu'ils causent, on peut juger des services que leur destruction a rendus à l'agriculture. Nous devons donc à M. le comte Blancardi des remercîments d'autant mieux mérités que ce n'est pas sans danger qu'on peut se rendre maître de pareilles associations d'animaux ailés, irascibles et puissamment armés.

C'est aux environs de Sospel, dans une campagne nommée Suez, lui appartenant, ou chez ses voisins, que M. le comte Blancardi a capturé et détruit, ainsi que je viens de le dire, cinq nids de *Frelons* en quatre années.

Celui que nous allons décrire était situé au premier étage, dans une chambre ou grenier, de 3 mètres sur 2m50, contenant divers débarras et éclairée par une fenêtre sans vitres, ni volets ; il occupait à l'un des angles de cette pièce un emplacement, où, il y a de cela trois années, on avait détruit une société de la même

(1) Depuis cette époque M. le comte Blancardi m'a fait remettre un nid de Frelons qui bien qu'un peu moins volumineux que celui décrit dans ce travail, est cependant un échantillon très-remarquable.

espèce ; cette particularité est sans importance, la famille des *Frelons* n'ayant pas une tendance connue à revenir, comme les hirondelles, dans une localité habitée précédemment.

Plusieurs points d'attache ou piliers le tenaient suspendu au-dessous d'une poutre, et comme il aurait pu être impressionné, ébranlé, par le vent ou par une autre cause nuisible, ses fondateurs avaient eu le soin de le consolider, en le reliant à la muraille par des piliers latéraux. C'est cette disposition dans un angle qui explique la forme *ovoïde* du nid. Il en a été trouvé d'autres appliqués contre les murs : l'intelligence des ouvriers les porte donc à approprier leur mode de construction aux emplacements qu'ils ont choisis.

Le nid ayant été découvert et surveillé, M. le comte Blancardi aurait pu attendre pour s'en emparer, sans risques à courir, la saison d'hiver, mais il a préféré et trouvé surtout plus utile de le cueillir en pleine prospérité de sa colonie, et de détruire ainsi des miliers d'ennemis des fruits de ses vergers. L'opération était délicate et voici comment il l'a menée à bonne fin: (1)

Il a disposé au-dessous du nid à 1 m 50 de son ouverture inférieure, un bocal profond et à large ouverture; au-dessus, soutenu par un système de fil de fer, il a placé un petit appareil ou lampe produisant, par une combustion lente, un gaz asphyxiant, de sa composition qu'il utilise contre le *Phylloxera*.

Son appareil étant en activité et le gaz pénétrant dans le nid par l'ouverture ou par les ouvertures du bas et par les nombreuses prises d'air des côtés, les *Frelons*, qui en occupaient l'intérieur, cherchaient à sortir et tombaient dans le bocal ; il en était de même de ceux

(1) M. le comte Blancardi eût pu peut-être employer un moyen plus simple ; c'eût été de profiter de la nuit, lorsque tous les ouvriers sont rentrés et endormis, pour introduire dans le nid, par les ouvertures du bas, des boules de coton fortement imprégnées d'une substance anesthésique. (Voir à la fin du travail

des ouvriers qui successivement rentraient chargés soit de nourriture, soit de matériaux de construction ; il y avait lutte entre les entrants et les sortants, et tous ensemble étaient précipités au fond du bocal d'où très peu parvenaient à remonter.

Après trois heures d'attente, aucun *Frelon* ne sortant plus, et l'arrivée de ceux venant de l'extérieur ayant cessé, M. le comte Blancardi a pensé que la population entière était capturée, et il a fait détacher le nid qui mesurait 55 centimètres de hauteur sur 35 centimètres de largeur, et qui pouvait peser un kilog.

C'est alors qu'il a eu la gracieuseté de venir à Nice le soumettre à mon examen, en l'accompagnant de plus d'un millier de ses habitants enfermés dans une cage et reveillés presque tous de leur engourdissement momentané. Ce nid était parfaitement intact, je pus donc admirer à mon aise son ingénieuse construction, ses points d'atttache si fins, si élastiques et en même temps si solides, les nuances si douces et si variées de ses différentes couches d'un gris brun.

A l'oreille parvenait un certain bruit intérieur révélant une vie encore active. On comprendra la contrariété qu'éprouve un naturaliste, désireux d'étudier un fait intéressant qu'il a sous la main, mais qui lui est caché ; détruire une pareille œuvre pour en examiner les mystères, il n'y fallait pas penser ; mais comment s'est-il fait, par qu'elle influence favorable à mon désir, est-il arrivé que ce nid soulevé par son inventeur, avec les plus grandes précautions, lui ait échappé et se soit tout-à-coup ouvert intelligemment comme un énorme œuf de Pâques, mettant au jour les merveilles de son organisation intérieure ? Quoi qu'il en soit, profitons de cet heureux évènement, dont je n'ai pas trop osé me réjouir devant M. le comte Blancardi, pour faire de ce chef-d'œuvre une description détaillée, ou plutôt exposons ce que la science connaît touchant ces nids, et faisons ressortir combien ces notions sont trouvées exactes lorsqu'on est appelé à les contrôler.

Disons d'abord que les cavités centrales contenaient encore une cinquantaine de *Frelons* vivants, éclos tout dernièrement, ainsi qu'un très grand nombre de *larves* de tous âges, et des *nymphes* subissant leur dernière transformation.

Le nid qui m'a été soumis est celui du *Frelon* (*Vespa crabro* de Linnée) ! (1)

Voici la description qu'en donnent MM. Blanchard, comte de Castelnau, et Brullé dans leur *Histoire naturelle des insectes* (suites à Buffon). — f. 397,2:

« *Longueur : (mâle et neutre), 11 à 12 lignes ; (femelle) ; 14 lignes ; corps ferrugineux ; tête de cette couleur avec le chaperon, l'échancrure des yeux, la base des mandibules, une tache triangulaire entre les antennes, d'un jaune pâle ; antennes brunes avec leurs trois premiers articles d'un roux pâle ; thorax d'un brun ferrugineux, avec les paraptères, l'écusson, une tâche à la base des ailes d'un jaune roussâtre ; ailes roussâtres ; pattes d'un brun ferrugineux.* »

Un naturaliste de Dijon, M. Auguste Rouget, a publié, en 1873, sur les parasites des *Vespides*, un travail très intéressant et très détaillé qui va nous fournir d'utiles renseignements.

L'*Hyménoptère* connu sous le nom de *Frelon*, est remarquable par sa grande taille ; la colonie est formée de trois sortes d'individus tous ailés ; les mâles, les

(1) Linné (Faune) numéro 1670. — Fabricius (Système) f. 255, n. 8. — Réaumur (Histoire des insectes), tome VI, page 215, pl. 18, fig. 1 à 10. — Degeer (Mémoire) tome II, p. 801, pl. 27, fig. 9 et 10. — Geoffroy (Histoire de insectes), tome II. p. 368, n. 1. — Olivier, Vespa crabro (Encyclopédie), tome VI, p. 678, n. 47. — Lepelletier de Saint-Fargeau (Hyménoptères), tome I, p. 509, n. 7. — Blanchard, comte de Castelnau et Brullé (Histoire des insectes, deuxième partie), p. 3972. — De Saussure (Etude de la famille des Vespides. — Rouget (Sur les Coléoptères parasites des Vespides), p. 24.

Le Frelon, ce grand Hyménoptère, ferrugineux nuancé de jaune, est trop connu pour qu'il soit nécessaire d'en donner la figure.

femelles et les ouvriers ou neutres ; ceux-ci sont en réalité des femelles ayant une taille plus petite, et dont les organes génitaux sont restés dans un état d'atrophie plus ou moins complet.

Les femelles et les ouvriers sont pourvus d'un aiguillon lisse placé à l'extrémité postérieure de leur corps ; ils ont les *antennes* composées de 12 articles et l'*abdomen* présente 6 segments.

Les mâles dépourvus d'aiguillon se distinguent des femelles et des ouvriers par leur forme relativement plus allongée, par leurs *antennes* de 13 articles et par leur *abdomen* composé de 7 segments.

Maintenant que nous connaissons les habitants d'un nid de *Vespa crabro*, voyons comment se développe cette société improductive et essentiellement destructive dont les membres atteignent parfois le chiffre de 3 à 4000 individus, et qui se forme en quelques mois seulement pour périr avant la fin de l'année.

Une femelle fécondée s'est réfugiée pendant l'hiver dans un creux d'arbre ou dans une fente de muraille ; aux premières chaleurs du printemps, pressée par l'instinct de la maternité, elle sort de sa retraite et cherche un emplacement favorable pour y établir son nid.

Admettons qu'elle l'ait trouvé dans un grenier solitaire, dans une chambre abandonnée d'un facile accès, à proximité de bois morts, au milieu d'une contrée riche en fruits et en fleurs, elle y transporte les premiers éléments de nidification qui consistent en débris de bois morts qu'elle agglutine au moyen d'une colle qui lui est propre ; avec cette matière triturée, concentrée, travaillée, elle dispose sous une poutre les premières bases de l'édifice ; au-dessus, toujours avec la même matière, elle commence un plafond en forme de calotte ou cloche à plusieurs couches, plafond sur lequel est appuyé le premier rayon, composé de cellules hexagones d'une régularité géométrique parfaite, dans le nid qui nous occupe le nombre de cellules de ce premier rayon peut être de 400 ; au fond de chacun de ces berceaux, la fondatrice dépose un œuf, en ayant soin de le coller afin qu'il n'obéisse pas aux lois de la pesanteur. En même temps que la mère garnit les cellules, elle travaille à la muraille protectrice qu'elle accroît de manière à garantir complètement son premier rayon, tout en laissant entre lui et l'enveloppe, assez d'espace pour que la population future d'ouvriers puisse opérer facilement.

Sur plusieurs points de ce premier gâteau elle établit des piliers légers, mais solides, destinés à soutenir le second étage qui aura une plus grande dimension que le premier et pourra contenir 800 cellules.

Pendant que la fondatrice travaille ainsi solitairement, les *œufs* donnent naissance à une petite *larve* blanchâtre qui, la tête en bas, est attachée comme l'*œuf* au fond de son berceau. Dès ce moment l'activité de la mère devient dévorante, car il faut non-seulement qu'elle fournisse à cette jeune famille une nourriture qui lui soit appropriée, et qui se compose de sucs divers qu'elle recueille dans les plaies et les gommes des arbres, dans la chair des animaux nouvellement abattus et surtout dans les fruits de nos jardins, mais encore qu'elle continue son œuvre de construction des cellules et de prolongement de l'abri sphérique.

Les *larves* grossissent ; elles remplissent déjà toute la cavité ; il devient nécessaire d'ajouter par la tranche quelques rangées de profondeur aux alvéoles ; enfin, ces *larves* sont parvenues à la limite extrême de leur développement; elles cessent de manger, et vont se préparer, par un sommeil de quelques jours, sous leur nouvelle enveloppe de *nymphe*, à leur dernière transformation ; pour elles le rôle de la mère est fini, elles se détachent du fond de la cellule qu'elles remplissent, se retournent et au moyen d'une liqueur qu'elles sécrètent elles s'occupent à tapisser leur lit de repos d'une étoffe blanche et soyeuse ; cette même composition, elles l'emploient pour s'enfermer hermétiquement ; et comme toutes les précautions, toutes les éventualités sont prévues par la nature, celles qui doivent donner naissance à des ouvriers généralement plus petits que les mâles et les femelles se closent au ras de la cellule, tandis qu'au contraire, celles qui doivent abriter un mâle, ou une femelle surtout, d'une taille plus grande que les ouvriers, se fabriquent une clôture bombée et proéminente, afin que la *nymphe* ne soit pas gênée dans son développement.

La fondatrice va ne plus être seule : au centre de la blanche clôture d'une alvéole, se produit un petit trou ; c'est la *nymphe* qui réveillée, a besoin d'air et de lumière pour se fortifier et se colorer. L'*insecte* est parfait dans son organisation, mais il est encore d'un blanc à peine teinté de rose ; un jour ou deux lui suffisent pour se compléter ; il agrandit l'ouverture de son berceau, en sort, et essaye ses premiers pas en rampant sur l'enveloppe intérieure où il se sèche, se fortifie et finit de se colorer.

Les premières larves ne produisent que des ouvriers, et ce n'est ordinairement que vers la fin d'avril qu'apparaissent les femelles et les mâles ; on ne peut s'empêcher d'être frappé de cette loi protectrice de la paix du nid ; que faut-il, en effet, à la fondatrice ? des aides actifs pour compléter son œuvre. Du moment que les ouvriers sont nés, la mère n'a plus d'autre fonction que de pondre indéfiniment des *œufs* dans les cellules ; aux ouvriers échoit le soin de terminer l'édification, d'agrandir les alvéoles et de nourrir les *larves* ; elle ne sort même plus et est nourrie par ses premiers enfants ; on la reconnaît facilement des autres femelles, à la teinte plus sombre de ses couleurs, et surtout à l'usure des poils de sa tête et de son thorax.

Mais vers la fin d'août, le nid est fini, clos ; il est garni comme le nôtre de ses sept rayons, parfois davantage, grandissant jusqu'au centre et diminuant à partir du troisième ; tout à fait à l'extrémité inférieure est un dernier gateau, espèce de pendentif ornemental, de quelques alvéoles peu profondes inachevées, au fond desquelles se meut une petite *larve* microscopique qui n'arrivera pas à complet développement. C'est alors qu'en vue de la génération future naîtront les mâles et les femelles dans des berceaux plus grands, ainsi que nous l'avons dit : chez les *Guêpes*, chez ces petites créatures carnassières et féroces, tout se passe d'abord, avec une certaine mansuétude. Inutiles pour la prospérité du nid qui a abrité leur premier état, les mâles et les femelles, après avoir été nourris pendant quelques jours, quelques heures peut-être, par les ouvriers, abandonnent promptement leur berceau pour n'y plus rentrer. Les deux sexes pourvoient extérieurement à leur nourriture, se recherchent et s'accouplent ; cet acte accompli, les mâles meurent, et celles des femelles qui ont échappé aux causes si nombreuses de destruction, vont à la découverte de l'abri, où les ailes repliées et sans prendre de nourriture, elles doivent attendre la belle saison, époque à laquelle commencera la vie laborieuse qui leur est réservée.

Pendant que les mâles et les femelles nouvellement nés prennent leurs ébats à l'extérieur, la fondatrice continue à pondre dans les cellules qui viennent d'être quittées et que les ouvriers ont mises en bon état.

Nous arrivons au dernier acte de l'existence de notre Phalanstère.

Le mois de novembre dans le midi approche, les premiers froids se font sentir, la paisible population du nid voit la fin de son association annuelle arrivée, elle a consacré ses soins et sa persévérance à édifier un chef-d'œuvre de délicatesse et d'intelligence, le quittera-t-elle en l'abandonnant à l'infection des *larves* qui vont périr sans nourriture ? oh non ; toutes les ouvrières se mettent alors avec ardeur à leur dernier travail ; elles arrachent des alvéoles les *larves* qui n'auraient pas le temps de se transformer, elles les tuent, les portent dehors, puis, cette tache accomplie, elles subissent la loi commune et vont mourir à l'extérieur, laissant le nid complètement vide et dans un état parfait de propreté.

Il nous reste à parler, toujours d'après M. Rouget, des parasites, des *Vespides* et de leurs ennemis.

Dans les nids de *Frelon*, dans ceux surtout qui occupent le creux des arbres, à une faible distance du sol, vit à l'état de *larve* et d'*insecte parfait*, un *Coléoptère* de l'ordre des *Staphylins :* le *Quedius dilatatus)*.

Le nid de *Crabro* que nous venons d'étudier ne contenait pas de parasites ; cela s'explique jusqu'à un certain point par la position qu'il occupait à l'intérieur d'un appartement.

Dans les nids de *Frelon (Vespa Germanica)* et *(Vespa vulgaris)*, on prend un autre *Coléoptère* de l'ordre des *Mordellides*, le *Metaecus paradoxus*.

Enfin les *Polistes* nourrissent dans l'intérieur de leur corps, un parasite appelé le *Xenos Vesparum* dont la place dans la classification des insectes est encore indécise.

Certains insectes de divers ordres ont été indiqués par les auteurs comme devant vivre aux dépens des *Guêpes* ; ce sont, parmi les *Coléoptères* ; le *Dromius linearis*, le *Trichodes alvearius*, l'*Homalota nigricornis*, l'*Oxypoda vittata*, le *Cryptophagus scanicus*, le *Cryptophagus pubescens*, le *Dermestes lardarius ;* parmi les *Hyménoptères* ; le *Tryphon Vesparum*, le *Crypturus argiolus* ; parmi les *Diptères*, les genres *Volucella et Anthomyia*.

Quant aux animaux destructeurs des *Guêpes*, il faut citer chez les Arachnides, les *Mygales* et certains Acariens ; chez les oiseaux, le guêpier *(Merops apiaster)* et la bondrée *(Pernis apivorum)* ; chez les Mammifères, le renard *(Vulpes vulgaris)* et la musaraigne *(Sorex araneus)*.

MOYENS DE DESTRUCTION

Le journal l'*Insectologie agricole* indique les moyens ci-après pour la destruction des *Guêpes et Frelons.*

Les moyens dit M. Hamet, portent 1° sur les individus, 2° sur les *Guêpiers*, 3° sur les *Guêpes* mères. Les meilleurs sont ceux qui concernent les *Guêpes* mères.

1° On détruit les *Guêpes* au moyen de fioles contenant de l'eau miellée, mais fermentée, afin d'éloigner les *Abeilles* (ce qui est essentiel).

2° On détruit les *Guêpiers* en y introduisant à la nuit, des tampons de coton imbibés de térébenthine ou en faisant usage de mèches souffrées, moins efficaces cependant.

3° En ce qui concerne les mères, il faut les rechercher à la sortie de l'hiver et les tuer :

Toute *Guêpe* rencontrée de janvier à mai est une femelle en train de constituer sa colonie, on trouve ces mères, de préférence sur les arbustes qui fleurissent les premiers (Cassis, Groseiller) on les rencontre aussi, contre les portes, les vieux bois, où elles viennent récolter les matériaux de leur nid.

En utilisant les enfants, en les récompensant des résultats de leurs recherches, en leur faisant savoir qu'à cette époque de l'année, la mère bien qu'armée, est trop préoccupée de son travail, pour se défendre, en leur apprenant à distinguer le *Frelon* nuisible de l'*Abeille* utile, on arrivera à détruire les mères et par conséquent à faire avorter les *Guêpiers*.

En appliquant cette mesure dit l'auteur de l'article dans toutes les communes, la *Guêpe* cet insecte essentiellement nuisible et dangereux, deviendra bientôt, aussi rare, en France, que le renard en Angleterre.

TABLE DES MATIÈRES

PREMIER FASCICULE

DÉDIDACE 3

AVANT PROPOS

Rapport de M. le Préfet des Alpes-Maritimes . . . 5
Rapport au Conseil général des Alpes-Maritimes . . 6
Rapport à la Société entomologique de France. . . 7

CHAPITRE I. — L'Olivier

Histoire de l'olivier. 9
Reproduction. — Plantation. — Greffe. 18
Culture. — Engrais. 21
Taille. — Elagage 24
Récolte du fruit. — Fabrication de l'huile . . . 29
Résumé du Chapitre I 38

CHAPITRE II. — Ennemis de l'Olivier

Mammifères. — (Lapins.— Bestiaux) 41
Oiseaux.— (Merles.— Grives. — Etourneaux. — Pies.) 42
Insectes de divers ordres 43
Cremastogaster scutellaris 44
Camponotus pubescens 46
Phloeotribus oleae. — (Neïron) 47
Hylesinus fraxini. 56
Cionus fraxini ou gibbifrons 58
Peritelus Schaenherri 61
Peritelus Cremieri 62
Othiorhynchus Ghilianii 63
Othiorhynchus méridionalis. 64
Oryctes grypus 64
Vesperus strepens 65
Cantharis vesicatoria, etc., etc., etc.. 66
Calotermes flavicollis 67
Phloeothrips oleae (Barban) 67
Euphyllura oleae (Psylle du coton des fleurs) . . 72

Lecanium oleae et autres Cochenilles 77
Prays oleellus. (Chenille mineuse) 80
Margarodes unionalis 85
Zelleria oleastrella 85
Boarmia umbraria 86
Metrocampa honoraria etc., etc. 86
Dacus oleae. — (Keïron) 88

CHAPITRE III. — Maladies de l'Olivier

Morfée. (Maladie du Noir). 104
Muffa (Charbon) 108
Excroissances. — Nodosités 109
Gomme-résine 112
Lichens. — Mousses 112
Résumé des Chapitres II et III. 113
Les arrêtés 116

CHAPITRE IV. — Les Amis de l'Olivier

Hyménoptères parasites du Dacus oleae. (Eupelmus urozonus.— Eulophus pectinicornis 128
Hyménoptères parasites du Cionus fraxini (Deux espèces de Pteromalus à dénommer). 135
Diptère parasite du Margarodes unionalis (Phorocera picipes ?' 136
Arachnides 138
Coccinelles 140
Appendice aux insectes amis de l'olivier 142
Petits oiseaux 143
Nichoirs artificiels 147

NOTES

Elevage de la larve du Phloeotribus oleae,et de l'Hylesinus fraxini. 149
Elevage de la larve du Cionus fraxini et de la chenille du Margarodes unionalis. 154
Elevage des larves du Dacus oleae (Keïron) et de ses parasites (Eulophus pectinicornis. Eurytoma N.— Ephialtes divinator etc., etc. 157

SECOND FASCICULE

Le Frelon, (Vespa Crabro) et son nid 161
Errata 179

ERRATA

Page 23. Ligne 17, il faut *suis* et non *sui*.
Page 47. Ligne 13, il faut *olivo* et non *oliva*.
Page 47. Ligne 8, il faut *Lamellicornes* et non *Lamelliconnes*.
Page 48. Ligne 9, il faut *sex-dentata* et non *ses dentata*.
Page 50. Ligne 13, il faut *ou du* et non *ou le*.
Page 63. renvoi ; il faut *deux sexes* et non *deux espèces*.
Page 72. Ligne 2, ajouter *fig. 9*.
Page 81. Ligne 25, il faut *bruns* et non *brunes*.
Page 88. Ligne 3, ajouter *fig. 1*.
Page 89. Ligne 25, il faut *oviducte* et non *ovidacte*.
Page 102. 2e note il faut *pique* et non *piquait*.
Page 131. Ligne 22 au lieu de *dans les larves*, il faut, *dans les olives attaquées par le Dacus*.
Page 155. Ligne 7, à la fin de la ligne ;
Page 160. Ligne 13, il faut *il est né* et non *il m'est né*.

LÉGENDE

Fig. 1 Page 88 *Dacus oleae* (Fab.) femelle, *Keïron*, qui insinue son œuf dans l'olive.

2 — 131 *Eulophus pectinicornis* ? (Latr.) femelle, parasite du *Dacus oleae*.

3 — 62 *Peritelus Cremieri* (Sch.) qui ronge les pousses et les greffes.

4 — 61 *Peritelus Schaenherri* (Boh.) qui ronge les pousses et les greffes.

5 — 58 *Cionus fraximi* (de Geer) ou *gibbifrons* (Ksw.) qui ronge les pousses et les greffes.

6 — 77 *Lecanium oleae* (Signoret) femelle qui vit des sucs de l'olivier et provoque la *Morfée*.

7 — 44 *Cremastogaster scutellaris* (Oliv.) qui ronge le bois et protège les cochenilles.

8 — 67 *Phloeothrips oleae* (Targioni) *ver noir*, *Barban*, qui dévore l'extrémité des hautes tiges.

9 — 72 *Euphyllura oleae* (Foerster) *Psylle du coton des fleurs* qui enveloppe la fleur et l'atrophie.

10 — 85 *Margarodes unionalis* (Dup.) Chenille nocturne qui dévore les pousses et les greffes.

11 — 80 *Margarodes unionalis* (Dup.) mâle, papillon dont la *chenille* est très nuisible.

12 — 80 *Prays oleellus*. (B. de F.) dont la chenille mineuse vit dans le noyau en été, et dans la feuille en hiver.

13 — 47 *Phloeotribus oleae* (Latr.) *Neïron*, *Charençon*

13 — 47 *Antenne du Phloeotribus oleae*, en forme de rateau à trois branches.

14 — 56 *Hylesinus fraxini* (Fab.) qui perfore le bois d'élagage et le bois vivant.

14 — 56 *Antenne de l'Hylesinus fraxini* en forme de cœur.

NOTA : La taille réelle est indiquée par un trait placé à côté de chaque insecte.

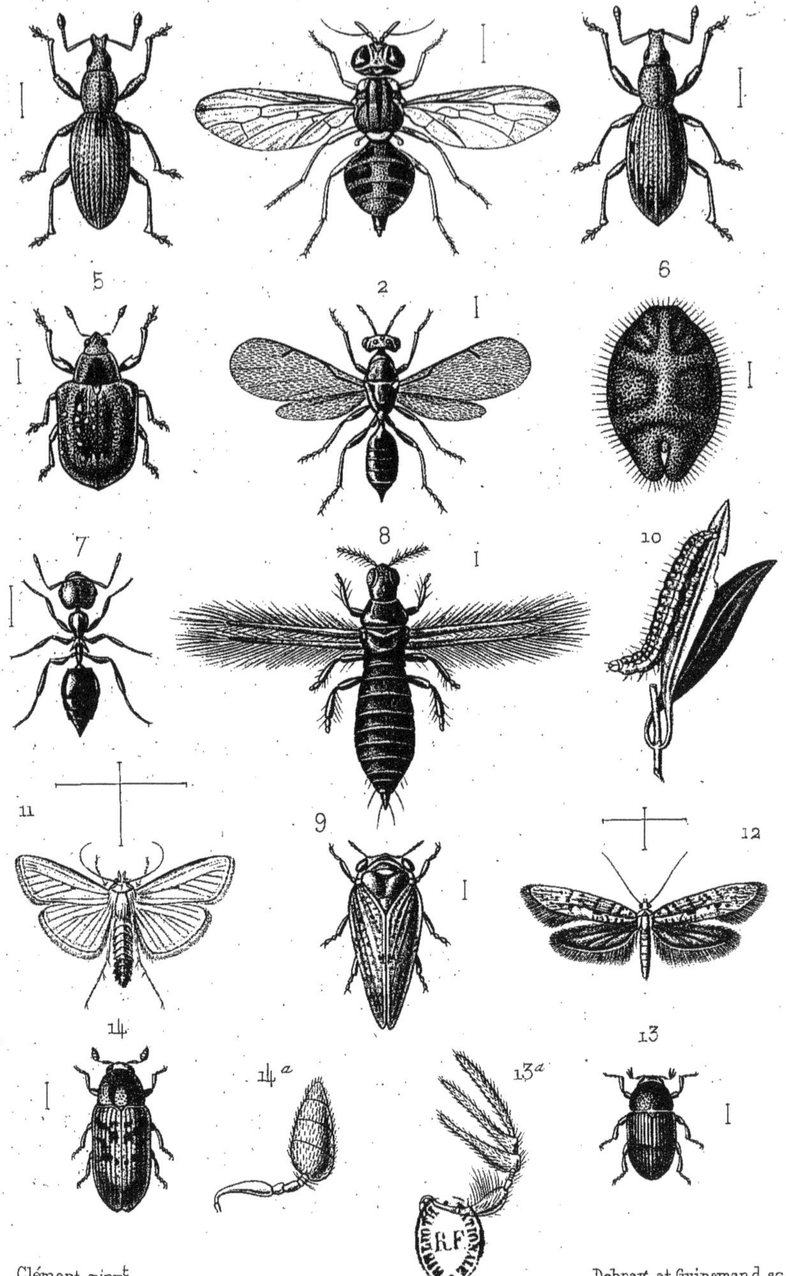

Clément pinx^t.   Debray et Guinemand sc.

Imp. Lallemant à Paris.

EN PRÉPARATION :

3me FASCICULE

L'ORANGER, LE CITRONNIER, LE FIGUIER ET LE CAROUBIER

leur Histoire, leur Culture, leurs Ennemis, leurs Maladies et leurs Amis.

2me ÉDITION DE L'OUVRAGE INTITULÉ

LES INSECTES COLÉOPTÈRES DES ALPES-MARITIMES

Extrait des Annales du Congrès scientifique de France.
44e Session tenue à Nice en janvier 1878, 2e vol. (du fo 1 au fo 238.)

www.ingramcontent.com/pod-product-compliance
Ingram Content Group UK Ltd.
Pitfield, Milton Keynes, MK11 3LW, UK
UKHW020125200726
13856UKWH00002B/746